微型盆景
创作手册

马伯钦◎编著

WEIXING PENJING
CHUANGZUO SHOUCE

中国林业出版社

作者介绍

　　马伯钦生于1935年，浙江绍兴人，自幼酷爱艺术，青年时在上海美术专科学校攻读美术。退休前从事纺织图案设计工作。退休后在作画的同时又热爱立体山水盆景艺术。曾担任上海市盆景赏石协会理事，创建《上海盆景赏石》杂志，担任主编2年。著作有《盆景造型艺术资料汇编》（2005年）、《盆景造型艺术图谱》（2009年）、《中国微型山水盆景制作与欣赏》（2010年）、《绘图盆景造型2000例》（2013年）。十余年来，制作了一大批风景、诗词、故乡、戏剧等形式的富有创意的山水盆景，并绘制了成千上万幅盆景艺术造型线描图，为盆景的创新和发展作出应有的贡献。

图书在版编目（CIP）数据

微型盆景创作手册 / 马伯钦编著. —— 北京：中国林业出版社，2015.8（2016.6重印）
ISBN 978-7-5038-8069-8

Ⅰ.①微…　Ⅱ.①马…　Ⅲ.①盆景－观赏园艺－手册　Ⅳ.① S688.1-62

中国版本图书馆 CIP 数据核字（2015）第 163800 号

责任编辑：张　华　何增明

出版　中国林业出版社（100009　北京西城区德内大街刘海胡同 7 号）
　　　　http://lycb.forestry.gov.cn　电话：（010）83143566
　　　　E-mail：shula5@163.com
发行　中国林业出版社
印刷　北京卡乐富印刷有限公司
版次　2015 年 11 月第 1 版
印次　2016 年 6 月第 2 次
开本　889mm×1194mm　1/16
印张　10
字数　288 千字
定价　59.00 元

盆景艺术
贵在创新

龢年一

求真务实　雅俗共赏
——喜读马伯钦微型盆景

马伯钦创作的微型盆景，我认为都是祖国江河山川的传神写照。

近年来，他在创作盆景艺术作品的同时还画了大批中国山水画和油画，尤其是以古镇家乡山水为题材的作品，笔墨简洁、气格不群、油画色彩丰富、古典韵味，体现出他在绘画艺术上的卓越才能。

马伯钦所作微型盆景重境界、重意趣，在用石上富有变化，在绘画中取题材，致力写实，意境率真质朴，有泥土气息，山水小品富有抒情之趣，清新淡雅，取石不多，布局合理，充分抒发自己的审美感受。每次创作他都有意识地对原石的纹形进行认真挑选、精心取舍、经营，与大地山河气派连贯。他又擅长布置大格局，往往能在一块小帧奇石上，制作出大幅作品的气势，使人百看不厌，意趣无穷。

他的微型盆景将原有传统艺术形成从已有概念中解放出来。只有从艺术中追求趣味，才能赋予作品鲜明的特色，没有趣味的艺术是少有生命力的。作者个人的趣味是艺术感悟力量，所以能产生别具一格的艺术特色。

中国盆景艺术家协会名誉会长
苏本一　《中国花卉盆景》杂志总顾问

"雅趣" 王纪贤作品（上海）

写在前面

　　当你翻阅这本书册，所见到的是一组组小巧玲珑、清秀淡雅、苍劲古朴、逼真地反映大自然神采，成为大自然巧妙缩影的微型盆景。这就是近几年发展起来的迷人奇葩——中国微型盆景艺术。

　　中国微型盆景是人们以"缩龙成寸"的艺术手法，用平常的草木、普通的石头，经过精细构思，加工成妙趣横生、寓意深刻的反映大自然的艺术作品。微型盆景以优美的诗情画意产生在各式各样的博古架中，展现人们喜爱的大自然的风貌，用它来点缀自己的家庭，作为一种高雅的休闲方式，养心养德，提升自己的文化修养。

　　中国微型盆景既是立体艺术又是活的艺术，其培育与养护要求比较高。当前，很多赏玩微型盆景的人在树桩是否"稀奇古怪"上作文章。实际上怪并非奇，扭曲并非美，堆砌并非景。奇求于神，美在于清新求雅，思有余味。所谓盆景，简单讲就是制景进盆，关键在于"景"。简单地把树种进盆，山石叠于盆，没有艺术美的创作，不能称为盆景，这是最起码的常识。为此，作为中国特色的盆景艺术，有景的盆景才是真正的盆景。这些景如何而来？来自于大自然，来自于诗情画意。诗能引人入胜，景能吸引人的眼球。微型盆景可以将优美的诗与景组合在一起，能发人联想、触景生情、产生共鸣，观后有所启示，浮想联翩。

　　本书前半部分，描写"景"为数不多，只是以传统盆栽的方式反映在盆景之中，编者认为微型盆景不是始终停留在博古架的架式上，单求架式的变化是不够的。任何艺术，包括盆景艺术作品，都要关注现实，将大自然融入人们生活，要歌颂人间美德，要传递真、善、美。中国盆景这一艺术门类，在学术上的现代觉醒晚来了一步，其主要原因基本上要归于盆景在种植上的传统研究太深，而在盆艺上的探索、变革和提升没有引起领导专家的重视。本书的后半部分，编者在前期的基础上，片面地尝试出新的思路，产生"现代之后"的中国微型盆景的想法。经20多年摸索，制作了不成熟的所谓"现代微型盆景"。本人只单纯为了自己兴趣及赏玩，作为自己的喜爱，起怡情养性作用。用自己喜爱的绘画的方式表现手法，遵循盆景艺术制作规律，制作一批自以为是的拙作，与同观点的盆友交流。每个人的爱好不同，玩弄盆景方式也不同，它与性格无关，只是反映出自己的一种爱好，笔者认为盆景无论是真树和假树同绘画一样，只要体现出意境就可以了。绘画是平面的，盆景是立体的。后一部分的内容，只是本人所制作的"现代微型盆景"，作为个人喜好有感而发，但愿引得业内行家的指导，对拙作提出意见和批评，甚为感激。

马伯钦自序（年时八十）

2015 年元月

"玉兰孕春" 王元康作品（上海）

目录

编后记

第一章 中国微型盆景

▲ 乾陵唐章怀太子墓壁画侍女
手持微型盆景形象图

微型盆景的历史起源

盆景起源于中国。唐代墓道壁画中就有侍女手捧盆景的遗迹，说明我国盆景在唐代就已盛行了。并且我们知道侍女手托的盆景中有小山石并栽有小树，表现出山林壑谷的景象，充分表明微型盆景的出现。追溯到汉代，出土文物中还出现山形陶砚，在砚池周围雕刻出十二座山峰，这就是一盆实用的微型山水。西安唐墓中有一盆以唐三彩烧制的山水砚台又进一步地呈现了山体群峰环纵、树木小鸟、青山绿水之景，这时期的盆景上就体现出了诗情画意。作者也收藏了近代仿制的一盆，供读者观赏（见下页图）。元代高僧韫上人刻意制作出多样的微型盆景，称之为"些子景"。

到了明清时期，论述盆景、盆栽方面出现了很多著作。其中，名人文震亨的《长物志》中就有"盆玩"的篇章；清代陈淏子著有《花镜》等书。许多文献记载表明，明清时代的盆景在形式上更加多样，工艺上更加精湛，盆景艺术得到了进一步发展。古代诗人、画家如苏东坡、陆游、米芾等文化人士对盆景艺术有着浓厚兴趣。清代康熙皇帝尤喜盆景。他在《咏御制盆景榴花》一诗中写到："小树枝头一点

▲ 唐代侍女手持微型盆景

▲ 北宋石窟（960~1127）大佛湾就
有侍女托微型山水盆景

红，嫣然六月杂荷风；攒青叶里珊瑚朵，疑是移银金碧丛。"描绘了一副绿叶红花，如银似碧的秀丽景色，说明当时树植盆景的小巧和娇艳，引人入胜。近代著名的爱国作家、文学家、翻译家周瘦鹃也是一代盆景大师，其著书立说、赏玩文物、培植花木、制作盆景，陶醉其间。他创新了盆景艺术，取法于国画临摹古画的同时仿照名画来制作，如仿照明代唐伯虎的《蕉竹图》、沈石田的《鹤听琴图》、夏仲昭的《竹趣图》，还有仿照近代张大千的《松岩高士图》、《枯木竹石》等。他的盆景，以各种树、石、竹作为主体，再配上广东石湾佛山陶制人物，点缀合理比例的亭台楼阁、塔船、桥梁、茅屋，使盆景更觉生动，达到盆景艺术不是以栽种为目的，而需要景意含蓄、耐人寻味、雅而不俗的艺术境界。我认为，周瘦鹃先生的盆景艺术蕴含的美学和文学韵律是值得盆景艺术爱好者去研究和探讨的。笔者的"田家小景"、"戏剧情趣"、"唐诗配景"等均是学习周瘦鹃大师以笔耕为业、精通诗画，加上与时代的结合，从立意到制作取材民间，源出自然，诗情蕴绵。

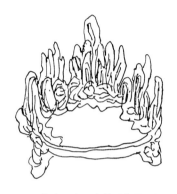

▲ 汉代出现十二峰微型盆景砚台

▲ 微型山水　唐三彩山形仿制砚台

▲ "古雅"微型树桩组合盆景（袁振威作品）

▲ 近代瓷器仿古盆景

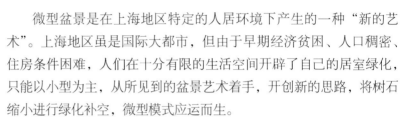

微型盆景的产生

▲ 早期博古架是放这些物品

▲ 早期是单独陈列

　　微型盆景是在上海地区特定的人居环境下产生的一种"新的艺术"。上海地区虽是国际大都市，但由于早期经济贫困、人口稠密、住房条件困难，人们在十分有限的生活空间开辟了自己的居室绿化，只能以小型为主，从所见到的盆景艺术着手，开创新的思路，将树石缩小进行绿化补空，微型模式应运而生。

　　20世纪60年代，上海一批盆景爱好者，对盆景艺术满腔热情，经过了多年孜孜不倦地探索，打造了具有上海特色、既能美化生活、又能绿化居室环境的各种精致小巧、玲珑剔透的掌上之景，就此冠以"微型盆景"的美称。尤其在当时李金林先生的带领下，开创了将微型盆景有机地组合安置在具有艺术的博古架上的新形式。就此产生了今天有着不相同形式的博古架造型艺术，进一步拓展了观赏视野，使欣赏效果产生了质的飞跃，并成了海派盆景特色之一，也成了盆景分类新项目。

　　微型盆景虽景微物小，但仍是师法自然，它可以反映自然景观，旷野古木之态，自然山水之美，苍古而又画意；盆景造型千姿百态，生气盎然，娇巧玲珑，受到盆景艺术爱好者的青睐。从此，进一步在国内进行推广，并影响到国外，国外的微型盆景以种植为主，形式也多样化，但他们欠缺的是中国特色诗情画意的境界。

▲ 李金林先生将盆景陈列在博古架上

▲ 外国观众看得出奇

▲ 微型盆景深深吸引国内外爱好者

微型盆景博古多样化

▲ 原来单独形式陈列

▲ 微型树桩盆景的组合　　　▲ 三盆组合　　　▲ 单盆组合

▲ 山石盆景组合架　　　▲ 树石小品组合　　　▲ 整体组合

▲ 微型山石盆景的组合　　　▲ 山石盆景架　　　▲ 陈列博古架有了多样化

微型盆景的表现形式

微型盆景的表现形式原来是没有统一的规范，有单独置放、高低组合、三盆组合等形式。同时，在国外也出现过的袖珍盆景、迷你盆景都称为微型盆景。

如果单独置放，会显得形单影孤，表现不出很好的艺术效果。上海市盆景赏石协会的一些爱好者借用传统的博古架组织形式，将微型盆景安置在架上，使盆景集中展现自然景观，首创成组合式系列，使平面摆设变为立体陈设。不但开阔了视野，欣赏效果也产生了质的飞跃，受到了广大微型盆景爱好者的青睐。在中国历次盆景展览会上多次展出，有很多微型盆景爱好者参与并获奖无数。近年来，微型盆景制作队伍不断扩大，博古架形式也日益繁多起来，大家共同致力于盆景艺术的大发展。

微型盆景按材质分为树桩盆景和山水盆景，树桩盆景是以节短、枝密叶小、易活的植物为主。山水盆景石美雄奇，有瘦、皱、漏、透清幽之感，色美的石种更佳。为此，微型盆景表现出的趣味只能心领神会，并非用语言能表达清楚的。如果我们要深刻地欣赏它、理解它、制作它，就要具有一定的想象力和概括能力，能够具备广泛的自然知识和必要的文学修养，其如书画一样。古人云："书画学问之高深，天时人事地理物态无不备焉，胸中具上下千古之恩赐……。""未有不学而能的微妙者。"文学修养越高、知识越渊博、生活阅历越丰富，就越能感受到微型盆景的高雅。

▲ 完美的组合 1　高低架形式　树与石配件结合（杨根福作品）

▲ 完美的组合 2　树桩、山水、博古架三结合（王元康作品）

▲ 花开茂盛的小盆景（杜鹃）

▲ 提根式的小盆景（六月雪）

▲ 易活的小盆景例图（小石榴）

▲ 枝密叶小的盆景例图（绒真柏）

▲ 软石山水盆景（砂积石）

▲ 有皱、瘦、漏、透的山石盆景（英石）

▲ 硬石山水盆景（内蒙古石）

▲ 软石山水盆景（海母石）

第一章　中国微型盆景

微型盆景的特点

  当今的微型盆景不仅仅是大中小型简单的缩微，其虽是掌上之物，仍具有旷野古木之态、自然山水之美。景微物小，仍师法自然，苍古而有画意。它生机蓬勃，并在细微处见功夫，充分展现大自然中的林木、山水画之风貌。可以说微型盆景的制作和陈设是一种艺术创作，也是中国文化艺术上的特种形式。也可以说欣赏和品味微型盆景就是一种艺术的享受，一组组优秀微型组合的盆景造型、几架配件都是一种完美的组合，是一件件富于艺术构思的载体。微型盆景可以让您细细品赏达到忘我境界。各种古色古香、丰富多彩的造型姿态，与色彩丰富的植物百态相结合，真是生气盎然、娇巧玲珑、神态清奇、婀娜多姿、精致古雅。微型山水盆景更有一种峰峦的自然美，多种奇石的纹理更突显出大自然中山脉的色泽美，在山水盆景的造型中可以让观者有浮想联翩的意境美，令人回味无穷。当今流行的微型盆景的系列组合，为何受到欢迎，使观赏者目迷心怡、悠悠神往，原因就在于此。

  微型盆景可以说是由综合艺术而发展起来的。当你兴致勃勃地欣赏微型盆景、领略微型盆景时，就像领略大自然的巧妙缩影、天地宽广、飘逸豪放、朝气蓬勃，使你心旷神怡，其蕴含着我们中华民族精神风貌和博大精深的民族文化，是高度文明的象征。

  微型树桩盆景树虽小但仍有苍古完美之意；微型山水盆景呈现峰峦起伏、湖光山影的自然美。

▲ 雀梅（吴成发作品）

▲ 六月雪（吴成发作品）

▲ 附石雀梅（吴成发作品）

▲ 金弹子（王成龙作品）

▲ "秋高气爽"（面条石）

▲ "夕阳无限好"（玉石）

▲ 这组盆景娇巧玲珑、精致古雅，使人目迷心怡

▲ 这组群山峰峦，突出大自然的山脉色泽美

▲ 这组山水盆景石质优美，造型阿娜多姿

▲ 这组是生机蓬勃、神姿百态的树桩盆景

微型盆景创作手册

微型盆景的种植与交流

▲ 条件好的在屋顶平台上种植

▲ 在夹弄里种植

　　微型盆景创作素材大多来源于人工栽培，因地制宜是它最大的优势。因上海地区没有植物来源，喜爱者就千方百计找到它，一是到郊外采挖；另一途径就是跑花鸟市场购买苗木。由于受种植条件限制，只能安置于有光照的阳台上、窗前、屋顶、屋檐和"老虎天窗"（在屋顶阁楼上能通风透光的窗口，真是借天不占地）。早期由于种植场所和种类的欠缺，爱好者将种植盆景作为一种既高雅又时尚的修身养性的一种方式。下面一些图充分说明上海地区种植和养护的情况。

　　上海市盆景赏石协会对微型盆景极为重视，除每周有小组交流活动外，还经常对外交流展出，商讨技艺，共同提高，并将微型盆景推向国内外，让更多的喜爱者参与进来。

▲ 借天借地，小阳台种植

▲ 上海市盆景赏石协会每星期六进行一次交流活动　　▲ 树桩盆景组合造型讲座

▲ 山石盆景组合制作讲座

▲ 经常对外展出　　　　　▲ 展览提升爱好者兴趣

▲ 将微型盆景艺术推向世界

第一章　中国微型盆景

微型盆景的素材

中国位于亚欧大陆东部，气候温暖湿润，植物资源也十分丰富，品种繁多，但微型盆景的选材因盆盎问题应按比例进行选择，很小的一个盆种上一棵很大的树，一看就知道是虚假的临时装置进去的，相反很细的树苗种植在很大盆里会没有力度和缺乏美感。为此，微型盆景常选用的树种，有黄杨、雀梅、榆树、小叶榕、冬青、六月雪、罗汉松、绒真柏、迎春、石榴、虎刺、凤尾竹、真柏、枸杞、锦松、枫树、小叶女贞、柽柳、爬山虎、络石、常春藤、薜荔、菖蒲、吉祥草、万年青等。

植物取材有多种方法，有人工培育的和野外挖掘两个途径。野外挖掘不可取，一方面破坏植物自然生长规律，破坏生态；另一方面，挖来的植物成活率低。因此，人工培育是微型盆景制作的最佳方式。苗圃培育从幼苗开始，随着生长加工整形成活到苗木成型的盆景要几年到几十年之久。现在人们聪明地选用嫁接法、扦插法、压条法、分枝法等方法获取（见下页图）。

▲ 盆大枝细缺少力度

▲ 一棵粗大树种进小盆是虚假感觉

▲ 到苗场去选材

▲ 剪下来的幼枝扦插

扦插法

1．将嫩枝剪下

2．备好松质土

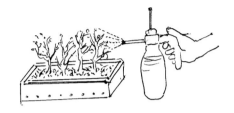

3．保留少量叶，经常喷水

矮枝法

1．削去皮层

2．加上土

3．经常喷水

4．待出根后入盆

嫁接法

1．切断口

2．开口

3．植进口正面平

4．侧面

5．用绳扎紧养护

压条法

1．取长枝条

2．将枝条放进土里

3．待枝条生芽可与主干脱离后养植

微型盆景常用的树种

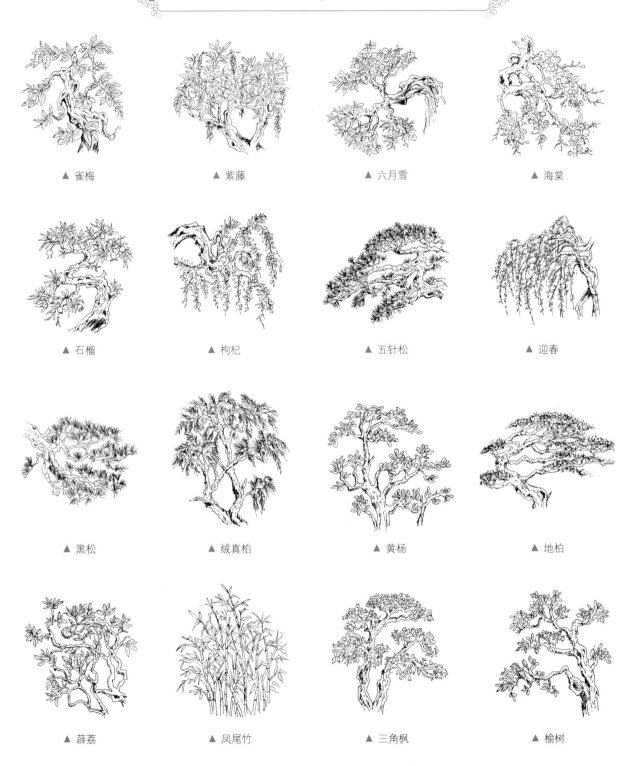

▲ 雀梅　　　▲ 紫藤　　　▲ 六月雪　　　▲ 海棠

▲ 石榴　　　▲ 枸杞　　　▲ 五针松　　　▲ 迎春

▲ 黑松　　　▲ 绒真柏　　　▲ 黄杨　　　▲ 地柏

▲ 薜荔　　　▲ 凤尾竹　　　▲ 三角枫　　　▲ 榆树

▲ 胡椒木

▲ 合欢

▲ 水杨梅

▲ 真柏

▲ 柽柳

▲ 罗汉松

▲ 女贞

▲ 火棘

▲ 小檗

▲ 梅桩

▲ 对节白蜡

微型盆景的造型

　　微型盆景树桩造型，必须符合自然界树木生长发育的规律。松柏类植物在原生态时，经风雨侵蚀造成树干扭旋、树枝虬曲、枝叶成片。花木类就要求秀丽多姿，梅树求疏横斜枝，竹要潇洒清秀。微型盆景造型上要求在原有的树姿上纠正其不足的地方，达到既有自然风度，又具艺术美感。目前，有部分爱好者将植物故意造作、变态，造出奇形怪状、缩微舍利干的效果，偏重于造型，而忽视了植物生长规律。笔者认为有失风趣，不值提倡。自然界的植物生长规律无一定之规，往往杂枝丛生，影响美观。种植在盆中必须经过修整，去掉多余的，保存需要的。同时，在可以弯曲的主干上进行，缚扎前要考虑好枝条弯曲方向、高低、弯曲度，力求一次缚扎成功，缚扎一年左右定型后，及时松绑，否则铁丝嵌入树皮，妨碍了营养输送和美观。但有些过粗的主干，往往要三五年才能定型，未定型好的可放松后再次缚扎，达到要求位置。具体造型可参照作者所著的《绘图盆景造型2000例》一书（中国林业出版社2013年版）。

　　以下所列图例有的不是微型盆景，只是借其来表达微型盆景造型的多样化。

▲ 海棠秀丽虬曲多姿（田丽作品）

▲ 梅求疏横斜枝（冯炳伟作品）

▲ 竹需潇洒清秀 （程怀球作品）

▲ 松要枝叶成片、扭旋虬曲（彭盛添作品）

金属丝弯曲法

用粗金属丝进行弯曲

使用工具弯曲法

1. 弓形铁弯曲主干　　2. 铁环弯曲主干　　3. 用铁制成工具弯曲

临水式弯曲法

1. 原树木　2. 构思后将不需留的枝干剪去　3. 先用包布将主干裹牢，用粗金属丝绕作弯曲状　4. 数月后见弯曲状已不复原，可将包布金属丝拆去　5. 安置略深盆中养护

垂崖式造型

1. 原树木　　2. 先修枝　　3. 种植盆内　　4. 用金属造型　　5. 入盆后养护

部分微型盆景造型参考图例

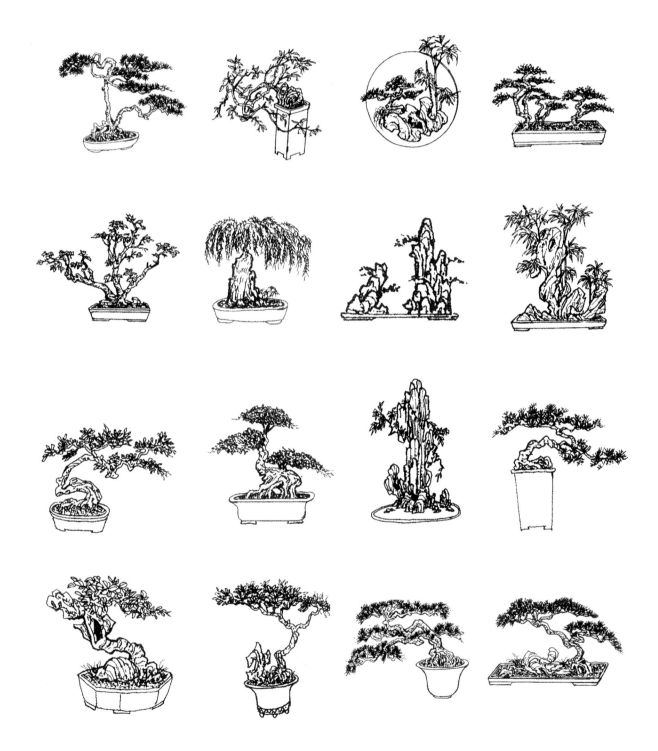

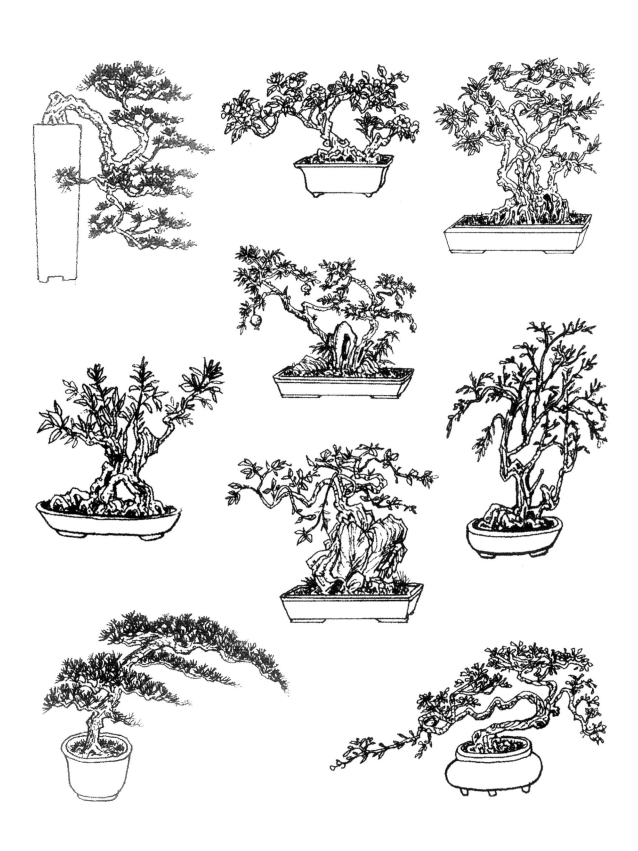

山石盆景造型参考图例

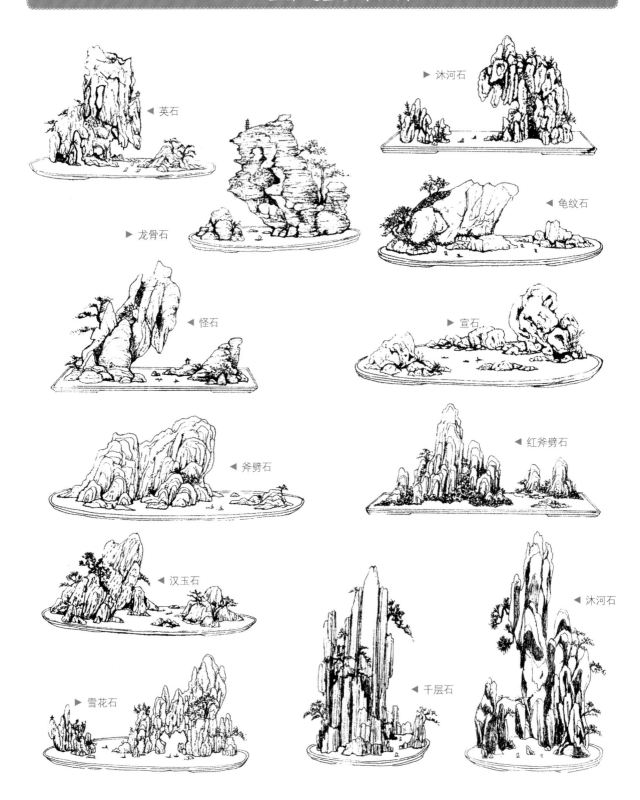

► 沐河石

◄ 英石

◄ 龟纹石

► 龙骨石

◄ 怪石

► 宣石

◄ 斧劈石

◄ 红斧劈石

◄ 汉玉石

► 沐河石

► 雪花石

◄ 千层石

微型盆景的上盆

微型盆景的上盆：种在地上或深盆里要进行缩根处理；枝叶茂盛、根系发达，移植到浅盆中要进行缩根整理。上盆在 2 月下旬、3 月上旬、4 月上旬这段时间进行最合适。秋季多在 10 月下旬至 11 月中旬未落叶前上盆，并要配制好培养土，但要根据植物内在的需求配制。微型盆景用盆必须洗净后用。种植前要先确定植物的造型姿态，布局的审美艺术效果，上完盆应浇透定根水放置在阴凉处，隔天后才能接受光照。

1. 从土里挖出的树桩上盆需整理根须　　2. 修剪多余的枝叶　　3. 用金属丝蟠扎出造型　　4. 进盆养护

1. 先将树木定好造型　　2. 换盆和新上盆最好在春秋进行　　3. 根据植物需要配备土壤

4. 新上盆先要浇透水　　5. 放置在阴凉处数日后再受光照

微型盆景的养护管理

微型盆景的养护管理是很重要的事，尤其是浇水这一关，要依据植物性能来进行，由于微型盆景的特点，盆浅土少，土易湿也易干。所以，控制浇水是一项至关重要的事。总体上，要依据植物生理机能，对种植的盆和土要仔细观察，日常的气候季节，浇水都不类同，其中最主要一条是不能过湿过干，保持土壤适当湿润即可。

微型盆景因植物种在小的盆盎中，盆土较少，养分有限，必须经常补充施肥。但在施肥时既要适时，又要适量，施肥不当就会损害植物成长，应根据植物需求灵活掌握，原则为枝叶茂盛少施，冬天生长停止期控制施肥。当今，国内外均选用球状和粒状的肥料，用时将其铺在盆土表面或塞入根部周围，通过历次浇水逐渐被分解吸收，其肥效可持续很久。

任何植物都喜爱阳光充足、空气流通性好的生长环境

▲ 孤单的一盆放于阳台不去照顾是很难养好的

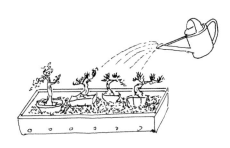

▲ 夏天在沙床养护

▲ 盛夏时贮水浸泡让它们吸足水分

▲ 经常喷水保持湿度

微型盆景的修剪

微型树桩盆景如果叶片过密，对其自身生长不利，需要修剪摘叶，老叶过密会影响树木吸收充足的养分和阳光，通过摘叶使苗产生小枝，时间应在夏季生长旺盛时进行。一般要留有叶片，保留叶柄。榆树将要落叶时可全部摘去，翌年春季重长，新叶更加青翠秀丽、典雅可爱。枫树在夏末摘去叶片，秋后新叶更红艳。

▲ 榆树落叶应全部摘去，
春天会发出一片新芽

1．原树疯长的状态

2．经过攀扎修剪

▶ 榆树（朱永康作品）

树桩修剪要点

3．经修剪后的树态（季愚创作）

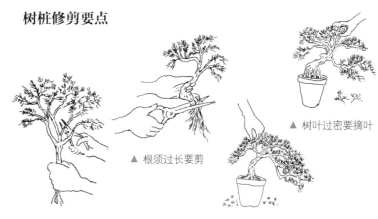

▲ 多余枝干剪掉

▲ 根须过长要剪

▲ 松树发芽要摘掉部分新芽

▲ 树叶过密要摘叶

微型盆景的病虫害

任何盆景的安置都要以阳光充足、空气流通、干净清洁为首要条件，植物病虫以预防为主

微型盆景的病害，通常是由病菌寄生和环境不良造成的。因盆土少发生虫害，虽然不多，但其危害不可忽视，首先要以预防为主，阳光充足、空气流通、干净清洁是必要条件，微型盆景虫害大致有3种，一是食叶害虫，二是蛀干性害虫，三是食根害虫。一旦发现病态及时隔离进行防治，常用农药市场上均有有售，这里不作详细介绍，只是需注意配比浓度，喷射要在室外进行，喷完后室外放置几天再移室内，尽量以更换土壤捕捉害虫为主。

微型盆景盆小土少，用肥量也少，自制肥料影响环境

市场上磷肥钾肥都有售，使用时主要控制用量

微型盆景如发现病虫害可在花木市场售小包装使用，关键要知道其用量

病虫害植物简单处理法

1. 发现病虫害应立即清理带菌土壤

2. 剪去带病菌的烂根须

3. 用水冲掉树上的害虫

4. 换上清洁的新土

5. 浇透水养护

6. 放置在阴凉处，数日后再光照

7. 土可回用，夏天光照可杀菌灭虫

微型山水盆景的制作

微型山水盆景是用多种石材，模仿大自然山水形状加工而成，与树桩盆景相比，山水盆景有其独特优点，它能使人不出室门就欣赏自然风光；成型快、制作容易；只需要做清洁工作，不要养护可以永久欣赏。在制作中要多学习和了解山水国画中的技法和章法，要显示出大自然的趣味。

微型山水盆景选用石料分两大类，一是软石，二是硬石。软石加工雕琢方便，硬石加工要使用工具，成景后雄伟挺拔、嶙峋险峻，由于山石的质地不同、色彩各异，因而在造型上各有特色。制作微型盆景有以下石种：1. 砂积石，2. 浮石，3. 海母石，4. 芦管石，5. 斧劈石，6. 英石，7. 石笋石，8. 灵璧石，9. 宣石，10. 太湖石，11. 木化石等。只要加工成山峰形状，都可选用，平时见到有适合的石料，都可收集。

制作山水盆景关键要因材立意，根据石材来确立制作内容和风格，防止平淡无奇，缺乏自然趣味。

微型山水盆景因面积小，用石简单，加工也方便，只要具备以下工具：1. 硬石切割机，2. 铁锤，3. 凿子，4. 手锯，5. 锉刀，6. 刻刀，7. 小刀，8. 刷子，9. 颜料等。

微型山水特别注意的是石种需统一：不能乱石拼凑；一盆不能用各色石料；皱纹相同，直皱与横皱要统一。

微型山水盆景的构图依从山形地貌千奇百态的山水形式，可以自由地发挥创造。但常见有：重叠式、悬崖式、斜山式、主次式、群峰式、连绵式、石林式、远山式、独峰式等，制作还需注意正、背面，在选石和雕凿时达到背面也有正面相同的艺术效果，当然人们的兴趣，爱好和审美观都各不相同，在制作上存在着不同看法。但要以大方、清雅、美观、协调为原则，切忌矫揉造作、杂乱无章。

▲ 陈列在 50cm 高的博石架上的山水盆景

▲ 只有 25cm 高的博古架中的微型小盆景

025

▲ 软石山水盆景（砂积石）

▲ "碧山淡水"（五彩斧劈石）（戴能健作品）

◀ 高远布置图
自山下而仰山巅
（斧劈石）

▶ 深远布置图
自山前窥山后
（黄山石）

◀ 平远布置图
自近山而望远山
（风砺石）

▶ 重叠式
（斧劈石）

◀ 悬崖式
（千层石）

▶ 斜山式
（英石）

◀ 主次式
（彩玉石）

▶ 群峰式
（芦管石）

◀ 石林式
（斧劈石）

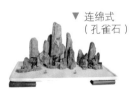

▼ 连绵式
（孔雀石）

▼ 群峰式
（芦管石）

▶ 独峰式
（石炭石）

微型盆景常用石种与制作

软石类

◄ 海母石
◄ 浮石
◄ 沙积石
◄ 钟乳石
◄ 砂片石

硬石类

◄ 龟纹石
◄ 英石
◄ 斧劈石
◄ 木化石
◄ 石笋石
◄ 风砺石
◄ 千层石

微型山石加工法

▲ 雕琢
▲ 锯截
▲ 硬石用电动工具切割
▲ 刷纹
▲ 软石山型
▲ 硬石山型

硬石盆景的制作

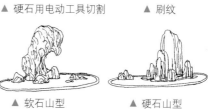

◄ 斧劈石选石、划线切割
◄ 组合：主峰、侧峰、山脚对角岛屿
◄ 用水泥黏接成景

软石盆景的制作

◄ 选石
► 切割
◄ 软石山水盆景成景

水旱盆景的制作

◄ 清理树的老根
◄ 用水泥固定住石块
◄ 水旱式微型盆景成景

微型盆景的用盆

▲ 微型盆的陈列，作为收藏欣赏之用

微型盆景的盆与一般大中盆景有所不同，因为景微树小，用盆也必须有其特殊性，在1962年之前微型盆一般用泥盆和石盆，之后由江苏宜兴紫砂厂陶艺高手徐汉棠大师的支持，创作出一批新的微型盆，微型盆景出现特色的盆盎。后人又进行大批创新，出现了适合于各种不同种植需要的盆式，并在盆面上表现书法、绘画、篆刻使其更具艺术价值，达到盆与树相辅相成。并且盆的色泽不同、品种不同，有朱砂、白砂、紫砂、青砂等。微型盆景的选盆固然重要，但不必守旧，有些爱好者自己动手刻制石盆、木盆、云纹盆，种植也是极实用和美观的。尤其是微型山水盆，早先用汉白玉、大理石制作出长方形、椭圆形、圆形等各式盆盎，而指上微型山水面积更小，爱好者可自己用青田石雕刻制作。

▲ 早期宜兴紫砂厂徐汉棠大师所制的微型盆

▲ 上海市盆景赏石协会龚林敏所制名家盆

▲ 汉棠名盆

▲ 小林名盆

微型山水盆景的用盆不强调使用要求，只要反映盆上景的内容任何材料都可拿来作盆，以下图例可作为借鉴

▲ 汉白玉微型山水盆市场有售

▲ 石盆

▲ 大理石长卷盆市场有售

▲ 陶盆

▲ 家用菜盆同样可用（观瀑图）

▲ 指上用盆只能自己做，用青田章石锯刻成各式小盆

▲ 用枯木树皮也能做盆（农归图）

微型盆景的几架

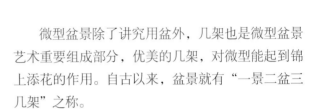

微型盆景除了讲究用盆外，几架也是微型盆景艺术重要组成部分，优美的几架，对微型能起到锦上添花的作用。自古以来，盆景就有"一景二盆三几架"之称。

在欣赏盆景中，几架同样是一项重要内容。微型盆景盆的底架是衬托作用，其制作也非常精致，有以红木、紫檀、黄杨做的几架，也有以树根、竹雕加工成的几架，同样有自然情趣。尤其在博古架上陈列，开创主体摆设，不论树桩还是山水都有多样小几座衬托。当今博古架的造型千姿百态、各显神通，而且材料多样化。本人将博古架内的造型几架集中在一起供读者参考。

▲ 各式各样的丝卷几座

▲ 各式高低几架

▲ 几架造型欣赏

▲ 黄阳木几架

▲ 红木高低几

▲ 精致高雅的各式几架

▲ 高低几架可调整树桩的情趣

▲ 利用树根制作几架活泼又潇洒

▲ 此几架造型美

◀ 细巧高低架

▲ 每盆盆景底下都有各式各样精致的小几座来衬托

微型盆景的配件

▲ "玉女同奏青春曲" 八位美女各自演奏着喜爱的乐器，希望自己更美丽

微型盆景组架上的摆件，在盆景中占据空间虽小，但在盆景点缀中能起到深化主题的作用。如微型山水，山岭上配有亭台，山脚下配有民舍，江海中配有船桥，这是自然风光的缩影，增加意境，增加生活气息，给人有想象余地，达到虚中有实。但必须比例得当，相称协调。当前某些作者为衬托绿树，将树高于山峰，硬塞种植，只能满足展览期需要，大可认知，这一点点小空间能种活一棵大树吗？博古架上的山水更小，本身只有一片树叶大小的盆能种植吗？为此，微型假山盆景就是假的，也只能以假树来替代。树桩盆景在博古架上的摆件是补空间作用，也可充实构图，丰富观赏趣味，增添内容，但也可以以摆件定名。在景格中安置茶具、船只、人物、插屏等摆件主要考虑树型朝向起呼应作用，有的为了补空，有的为了点题，如作品 "八老回春" 就安置 8 位古代老人在盆边作点题之用，取得很好的艺术效果。

▲ 这样比较大的人物配件适宜点缀在博古架旁

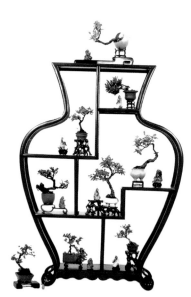

▲ "八老回春" 八位老人回望又一个春天到来，含意深刻

▲ 这样如手指月亮弯大小的人物适宜点缀在微型盆景上

▶ 这里是一组动态人物在配件上的运用

▲ 在配件上要做有心人，平时多收集各式各样的物件，用时信手拈来

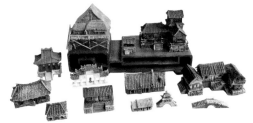

▲ 大小不同的古船配件可配置在山水盆景之中，增强动态感

▲ 这些大小不一的民舍在山水盆景里能起到画龙点睛的作用

▲ 在微型树桩博古架上，点缀这些古瓶、古物，以显示古树古意之感

▲ 这是"坐井观天"内容的插屏

第一章　中国微型盆景

033

微型盆景的陈设

▲ 这组陈设空格旁边缺少内容，形式比较单调，没有主题思想

　　微型盆景是一种群体组织，如果只有一盆单独置放，形单影孤，不起眼，很难达到艺术效果。如果在家里布置可采取高低花架，放置2～3盆，上下呼应，相映成趣。如有多盆就可以放置于博古架上组成一个完整的画面，但在博古架上陈列，不论树桩或山水盆景，都需加以精细的、造型多样的小几座衬托。一个博古架上的树种、造型、配件不能重复相同，树态不宜一个方向，大小规格相对要统一，盆、几、配件的色彩要协调。博古架上的空格，一般每格放一件，注意格内不要顶天立地，也不要太空，空间过大显得渺小无物。有时为了题材的需要，或加强色彩和内容配置比实物小的瓷瓶、人物、动物，既可渲染气氛，也可丰富内容。博古架贴壁而放，可作为隔屏和壁饰；可布置形式多样的内容，装饰客厅和书斋。此种高雅的完整的富有艺术构思的整体，细细品味和欣赏就是生活中的享受。

▲ 这样的陈设比较乱，缺少美感

▲ 此组盆景的陈设存在顶天立地拥挤的感觉，透气性不强

▲ 在家居中陈列可采用高低架布置，树、石相互呼应

▲ 这组陈设的盆景枝干太细没有力度

▲ 此组枝干、叶、根丰富，但缺少色彩

▲ 此组架摆件类同缺乏含意

▲ 这组架有五盆树态倒向一个方向，显呆板

▲ 山石盆景陈设不能单一色调

▲ 可选用各类有色石种配制，丰富多彩

微型盆景在家庭中起装饰和观赏的作用

▲ 在客厅里摆放微型盆景既美观又高雅

▲ 山石微型盆景在书房中布置，使人尤如在大自然中畅游

▲ 陈设在客厅和书斋的微型盆景是一种艺术享受

▲ 充分利用空间，在鱼缸上陈设各式各样的微型盆景

▲ 一位微型盆景爱好者在客厅中的盆景陈设

第二章 获奖微型盆景欣赏

美的创造者

——写在观赏作品前

众人所知，中国盆景艺术是一种文化，是一种精神生活，它契合了人们的教育需求、审美需求、休闲娱乐的需求。而中国微型盆景艺术，能起到立异标新的作用，它是人们发挥自己的聪明才智、天人合一，将大自然中的树态删繁就简、缩龙成寸，并激发人们热爱祖国、热爱生活、热爱大自然的一种高雅艺术。

本章收集近100组微型盆景艺术家的作品供大家观赏。由李金林老师开拓创新的陈设在博古架上的微型盆景，在1979年第一届全国盆景展览（北京）展出后，像有一种魔力吸引了首都人民和相关专家领导。邓颖超在微型盆景架前拍照留念，西哈努克亲王和夫人在参观前也禁不住请管理人员把微型盆景取下，放在手掌上欣赏。这足够说明这些文静温雅、生气盎然、微中见伟的盆景艺术，体现出的巨大魅力。从此，上海的微型盆景在每届展览评比中均是名列前茅。而上海地区的微型盆景也如雨后春笋般地发展开来。之后，又产生了一位微型盆景名师王元康先生。在之后，如王纪贤、杨根福、章国江、孙宗麟、倪民忠、林三和等人，都在微型盆景艺术创作上有所突破并创作出许多优秀作品。他们不但在植树姿态上变化多端，并且在种植的盆盘上大胆改革创新，如章国江盆景，他在古瓶、古茶壶、动物造型上进行种植，艺术效果极佳；王纪贤采用古人、古物插屏、文房古玩陈列在树桩边的左右，点缀其文雅之妙，古意之深；杨根福创作了多样的博古架造型，极为优美，树桩底下的几架丰富多彩，比例有度，突显出树桩的秀美；其他省市爱好微型盆景的作者，也富有更多的创新，如济南李

云龙的创新杯型架，如皋王如生的月型圆架边旁衬托的花架，形态细巧精致，结构合理华艳，使博古架变化更完美，使微型盆景艺术达到了一定的高度。

在树桩造型艺术上，李金林的树与盆布置极为精巧修气、飘逸潇洒；王元康的树桩盆景，盆与树配比合理、树种多样、组架上一般没有重复树种；倪民忠的树桩曲折多变、形态优美；章国江的微型抱石盆景及微型插花均属全国首创；王建国、陈鸿喜所作微型山水盆景，意境深远、气势磅礴、造型变化多端，使人如身临其境。

总之，本章所汇聚的优秀获奖作品，都可为读者在赏阅中借鉴学习参考。这些"小而巧"的微型盆景，能有如此隽永的艺术魅力，是微型盆景爱好者经过40余年的研究探索，与时俱进，不断创新所取得的。当前，我们生活富足了，住房条件优越了，居室环境更好了，文化素质提高了，人们当然要欣赏更高雅的艺术品，微型盆景就可以使你不出家门，享受到悠闲的生活方式，还能学到植物养护知识、美学知识，真正做到修身养性、好景相伴心自静。

树桩盆景和山水盆景有其独特的优势，让人们着迷。在这个"美丽中国"的大好时代，在倡导"生态文明"的国度里，相信会有越来越多的人去实践和探索这绿色之美。笔者认为，随着时代的巨大变革，读者不一定跟着老路走，我们不能停留在单一守护固有的博古架陈列之中，希望能有更多的爱好者去传承、开拓，形成自己的风格，探索自己的路子，将微型盆景推向更深层的文化领域，使盆景艺术能达到有景有情、可观可思。笔者对微型盆景的前景充满着信心。

微型盆景艺术的欣赏

盆景艺术被人称为"高等的艺术"。在这里既可以欣赏到大自然的神行风貌，又能领略到喜爱者的匠心和创造。在大自然中发现美，获取大自然的每一个精美部分在盆景中进行表现。它既是自然的，又是艺术的；既源于自然，又高于自然；既是抽象的，却又是具体的。这是中国文化的高度表现，它能激发我们热爱祖国、热爱自然的无限深情，用立体盆景形式来歌颂自然生态美，集中概括地反映自然景观。尤其是微型盆景，虽是掌上之物，同样具有旷野古木之态，自然山水之美，景微物小，却能把大自然的美表现得淋漓尽致。在微型盆景艺术的海洋中，我们细细品赏变化多姿的几架、枝叶茂盛的树木、飞流直下的山水、精致古雅的配件，以下你所见到的这些微型博古架，足可使你目迷心怡，悠然仰望。

作者也希望通过这些优秀作品的观赏，启发您的创作灵感。

▲ 怀念已故的中国微型盆景艺术大师李金林先生早期大奖作品

中国微型盆景艺术大师李金林作品（上海）

李金林（1925-2011）浙江省鄞县人，原系中学物理教师，原任上海市盆景赏石协会副会长，2001年被中国园林学会授予"中国盆景艺术大师"。他创作盆景近50年，从1962年开始展出微型盆景，1970年后从旧的摆设微型盆景模式中，首创了博古架上群体摆设，开阔了视角，使欣赏的效果产生了质的飞跃，从此微型组合盆景在国内外得到普遍推广和应用，他所创作的微型组合清雅秀丽、精巧雅致，树态变化多端，雄浑自然。故在历届展览上均获大奖，并形成了海派盆景特色之一，得到广大同行的赞赏。

"古桩新韵" 李金林

"叠翠拥缘" 李金林

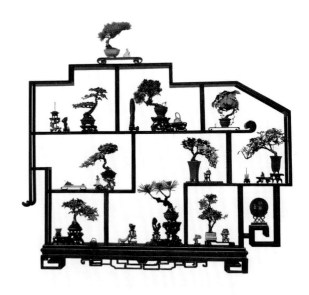

"锦绣" 李金林

王元康，1946 年生，浙江鄞县人，原系上海大众汽车厂职工，早期从事木工和玉刻工作。他受微型盆景大师李金林的指点和熏陶，在盆景创作上又进一步提升，他培植的树桩粗壮有力，创新了博古架多种形式，并且自己动手雕刻玉质几架和摆件。其作品立意与构图飘逸潇洒、赏心悦目、风雅清幽，具有极高艺术效果，在历届盆景展览中屡获金奖，2013 年被授予"微型盆景艺术大师"称号。

"闻幽图" 王元康

"回归自然" 王元康

第二章　获奖微型盆景欣赏

王元康的作品博古架变化多端，几架丰富多采，摆件以精巧取胜

"春韵" 王元康

"东方绿洲" 王元康

"烟云秀色" 王元康

"典雅" 王元康

王纪贤选用古人、古物插屏、文房古玩，陈列在树旁，点缀盆景作品文雅之妙。

"绮秀出疏窗" 王纪贤

"吉祥如意" 王纪贤

"寿" 王纪贤

"春风送吉祥" 王纪贤

第二章 获奖微型盆景欣赏

中国微型盆景倪民中多次获奖作品（上海）

倪民中的作品比例有度，突显树桩的秀美，以微见大，以近见深。

"重返自然" 倪民中

"群芳图" 倪民中

"梦回春色" 倪民中

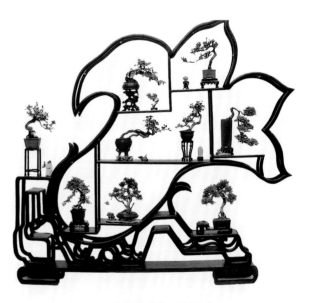

"春景美" 倪民中

杨根福作品重博古架创新，整体空间突出，布置合理生动，几架精致，美不胜收。

"屋中出景" 杨根福

"幽雅" 杨根福

"树石雅集" 杨根福

"古韵生辉" 杨根福

第二章 获奖微型盆景欣赏

微型盆景创作手册

046

"古韵凝神" 章国江

"群壶闹春" 章国江

"掌上乾坤" 章国江

"动物趣味" 章国江

章国江选用古瓶、古壶、动物、抱石种植，在盆盘上大胆革新，整体效果极佳。其作品形态优美，造型超妙，与时俱进，符合时代精神

"树石深情" 章国江

"微型插花" 章国江
（全国插花评比一等奖）

"壶中春色" 章国江

中国微型盆景孙宗麟多次获奖作品（上海）

孙宗麟的作品树态造型极美，有"闲看庭前花开花落，漫观天外云展云舒"的境界。

"柳塘情趣" 孙宗麟

"春归" 孙宗麟

"醉春" 孙宗麟

"群秀" 孙宗麟

"古雅" 黄茂林

"壶中春韵" 华建国

"仙趣" 黄茂林

以下微型盆景（上海）均为优秀作品

"群绿竞秀" 陶林富

"春来报" 陶林富

"浦江绿江" 高一鸣

"乡音" 高一鸣

"玉兰秀景" 陈鸿喜

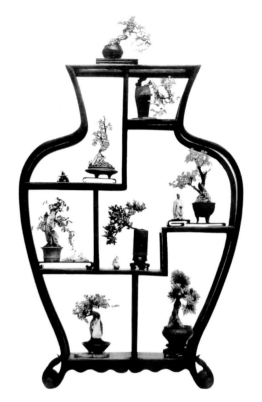

"共享春光美" 林平康

"水仙花造型" 林平康

"春来老更乐" 任维宝

第二章 获奖微型盆景欣赏

051

树根在地下的努力，都是为了树冠的辉煌，树桩盆景是玩物之趣，要关心它、爱护它

"春光流溢" 林三和

"春来天地新" 朱汝忠

"晨曲" 朱汝忠

"挥春" 韩炳华

"探幽" 毛洪元

"得月楼" 杨百安

"渺若仙境" 李运鄂

第二章　获奖微型盆景欣赏

为静静的书房添绿增色，享受大自然美景

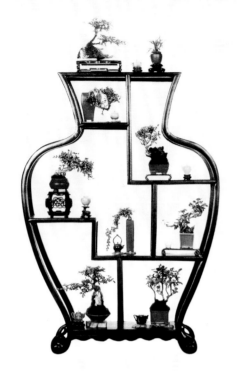

"博古春韵" 张振雄

"春态" 王国民

"风雅情趣" 吴福兴

"青雅" 应建国

"春风得意" 汤冠华

"青枫翠春" 周德清

"国泰民安" 许宏伟

第二章 获奖微型盆景欣赏

自家居室可布置四季美景，何乐不为

"花之都" 袁振威

"秋韵" 张洪标

"掌上小景" 倪民中

"春之旋律" 周文正

"绿韵" 殷志勇

"清风徐来" 张晓华

第二章 获奖微型盆景欣赏

组架是小天地，天地是大舞台，小小盆景在大舞台中，各自扮演一角，组合成美妙绝伦的风景

"春风送吉祥" 王桂龙　　　　　　　　**"叠翠"** 朱楚华

"树石缘" 俞宗伟

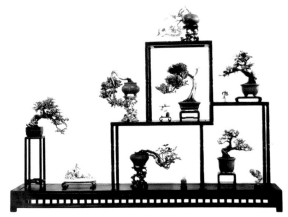

"红架作楼台" 魏才宝

"掌上春秋" 倪民中

"疏影入翠微" 樊银校

护绿、育绿、养绿，对花木有情就是养德之为

"春色" 任维宝

"迎春" 王振

"春秋" 马长华

"八老回春" 张国政

人性以自然为师，对花木有情，个个都养护一点绿，也是一种人文文化。微型盆景的组架内容题名要有含意，不是用简单方法造一句词就可以的，该组架是早时期作品，树桩不是最佳，其题名与内容很确切，在八格架中安置八位老人，回想着时光流逝的春天。

和绿色同呼吸，就是人在草木间充满了对生命的礼赞和欢欣

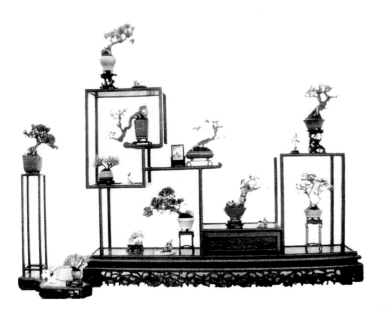

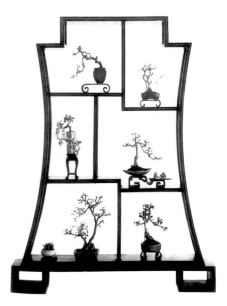

"艺苑逸趣" 许宏伟 潘中天

"玲珑窈窕" 方荣坤

"相映成趣" 许宏伟

"屋在佳色中" 方荣坤

"满园春色" 潘中天

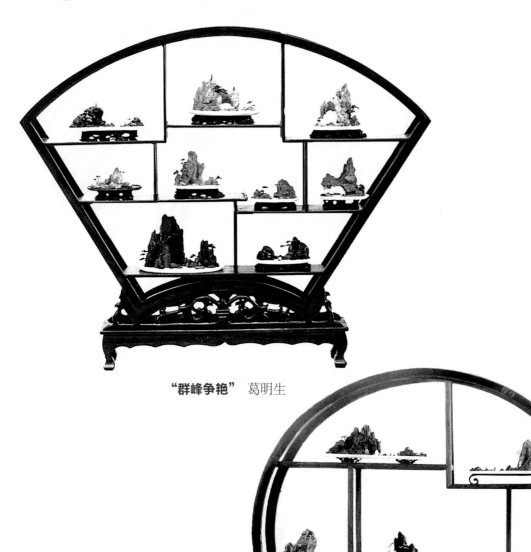

"群峰争艳" 葛明生

"锦绣河山" 王中鑫

千形万象尤如梦，映水藏山云重重。无限碎石来利用，悠悠闲处作奇峰

"江山情" 朱龙宝

"大地回春" 梅至刚

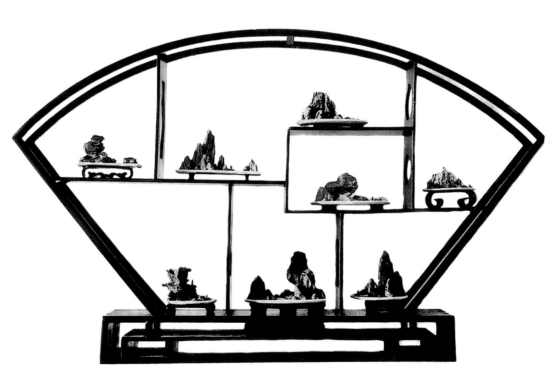

"山水情深" 袁振威

青山不老，绿水长流，满目江山即图画

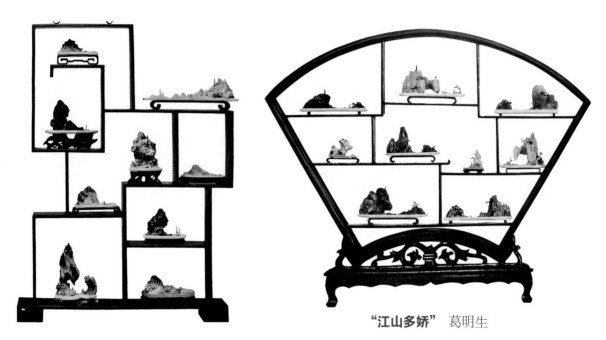

"千崖争秀" 王纪贤

"江山多娇" 葛明生

"水异山奇" 陶林富

"青山绿水" 王建国

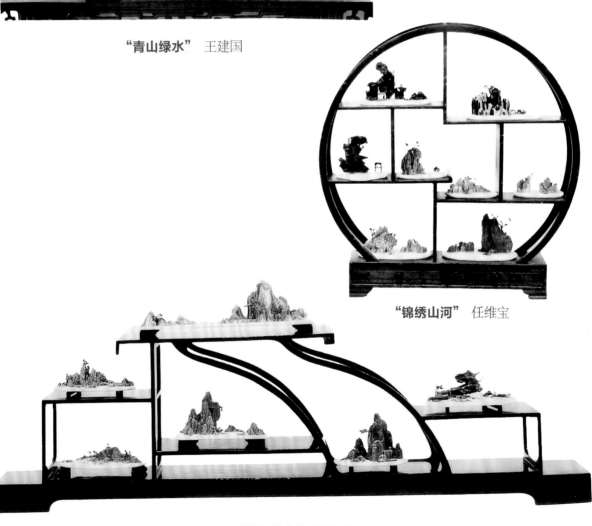

"锦绣山河" 任维宝

"岩峦蕴古" 陈鸿喜

云在天边，家在水边，微型山水就是身边的家园

"山水八景" 梅志刚

"石中景" 马伯钦

"吐艳" 马伯钦

"山魂" 王建国

"锦秀河山" 顾宪丹

第二章 获奖微型盆景欣赏

凡是喜欢大自然、热爱大自然的人，都会认认真真地研究他们的微型盆景艺术，其他地区的盆景艺术家面对生活，就地取材，对博古架有更多的创新，并且树桩造型粗壮，苍老耐看，不比上海地区差，这反映出微型盆景繁荣时代的开始。

"松林石韵" 刘洪增（济南）

"古舟春翠" 刘洪增（济南）

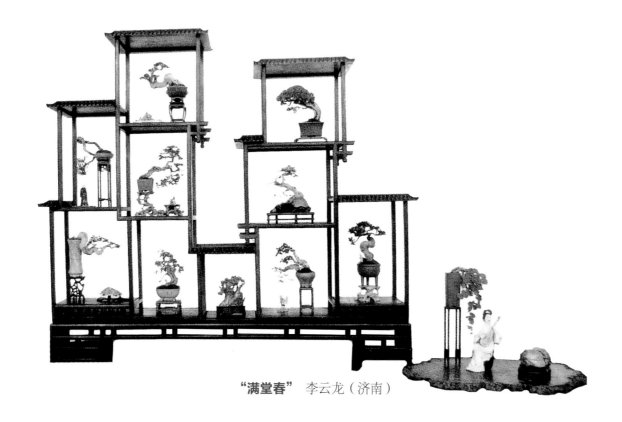

"满堂春" 李云龙（济南）

"满园春色" 王桂民（济南）

"锦上添花" 李云龙（济南）

微型盆景美在高雅，安置斗室，仿佛与大自然神会交谈

"洞庭逸趣" 留园（苏州）

"雅趣入画" 倪易乐（泉州）

"小品八景" 倪易乐（泉州）

"卧游春景" 梁玉庆（济南）

"闲趣" 李振南（苏州）

"雅趣"小品组合 武保松（安徽）

"闲情逸致" 孙林森（苏州）

"各领风骚" 许荣林（江都）

第二章　获奖微型盆景欣赏

绿是人类本色，大地是人类生命，更要以独特的风景去装点自家的居室

"鼎盛" 孙宪勇（山东）

"艺苑集粹" 拙政园（江苏）

"窈窕" 李为民（苏州）

"**自然成趣**" 刘荣森（温州）

"**山河美**" 张福民（苏州）

"**江山多娇**" 王伯荣（温州）

"五仙聚" 吴成发（广东）

现代之后的微型盆景

记景随笔

微型盆景开始推向社会展示是在 20 世纪 60 年代。1961 年，在上海人民公园的盆景展览会上已有零星微型盆景展出，当时微型盆景的大小没有统一标准，后来才定下微型盆景 5～10cm 左右，同时也开创了陈列在博古架上的立体摆设，既开阔视野，又提高了鉴赏效果。在此以后，微型盆景犹如雨后春笋般大批产生。微型盆景的取材、养护随之也积累了一定的经验，由于盆景爱好者的互相交流，使微型盆景这门艺术有了青春活力，微型盆景开始出现在爱好者家庭生活的各个角落。自从改革开放后，人们都喜欢在节假日出游享受大自然的风光并领略祖国山林的风貌，了解祖国和世界各地的风土人情，而为了在闹市的斗室之中也能经常欣赏到大自然的景象，于是就利用缩龙成寸、咫尺千里的艺术手法，将植物和山石精细加工，精心布局，培养出了许多微型盆景。它的艺术特色，可以揭示爱好者的个性特点，可以概括地反映自然景观，可以在这小小的盆盎中显得枝繁叶茂、奇曲碎石、寸山寸水。我们应广揽天地去表现和创作，期待更多高质量的微型盆景问世。

笔者也喜爱微型树桩盆景与山水盆景，希望能在家时时赏玩，于是选购了多种植物进行种植，当时因工作繁忙，经常出差，一不注意，忘了管理，有时因浇水不当，一盆盆喜爱的植物，就此夭折了，只留下了一只只玲珑可爱、细腻精巧的花盆，深深感觉养护这一关很难，也因此请教过养植名家，均说需要花大量心思来管理这些宝贝，真比养小孩还难，孩童如不舒服会哭会闹，植物不会，等叶片缺水收紧时，再浇水已经来不及了。玩微型盆景，品种及数量要多，在展览时可以选择，但不能久放，在室内安置时间长，也会出现问题。为此，那些得奖作品的作者真的是非常不容易，他们一天都不能离开自己喜爱的宝贝，出外只能待一两天，三天后必须回家管理。在高温暑天，一天要浇两遍水。如果放进沙盘里也要注意其生长情况，这就是要具有养护管理技能。植物是有生命的，与人一样也有一定的寿命，在兴旺期的确是美丽的，你在展览会上看到的微型盆景是它的最佳观赏阶段，确实好看，值得观赏。并且心里也希望得到如此美景，但是在养护管理中必须先养性，同时要从植物学、自然环境、养护条件等角度去探索植物生长规律。如果工作繁忙，经常外出，养护条件还欠缺，还是不要贸然玩赏微型盆景，否则就会走上冤枉路。

◀ 这组盆景在植物生长最佳期展示，美不胜收，但保存期不长

◀ 富有艺术美的博古架微型盆景值得观赏，但展览时只能放几天，难以持久

现代微型盆景的产生

笔者在上海一次展览会上见到一组博古架上的组合树桩盆景，这组盆景完全是用假的树种来制出的一组不会枯死的假树桩盆景，当时惊呆了，但就此使我开了窍，假的风格同样可以达到观赏效果，我们为什么不这么做呢？有的同行者认为，这与工艺品无异，但我认为这也是一种现代微型盆景制作的开始。在常州，有一工厂专门制作形象逼真的微型树桩出售，深受大家欢迎，原来几十元一盆，现在涨到几百元一盆。笔者由此受到启发，也开始创作现代特色盆景，安置在客厅书房中，不需要管理同样达到观赏效果。居住在高楼没有养护场所的盆景爱好者都可以制作赏玩，而且还可以用更细微的技巧显示其艺术效果。微型盆景的盆盎很小，按照比例植树布局，将山石、人物布设在盆内，同样可以达到意境深远、令人浮想联翩、回味无穷的效果。我们平时到公园区游玩，假山是假但人会以为真，假山山石盆景都是用石做的，水石盆景也并不是都是假的石头，那你认为山石盆景是不是工艺品呢？故笔者把它称之为"现代盆景"，是盆景艺术中的一种新的创新。生活中我制作了上千盆现代微型盆景，经过多次展览，反响很好，得到了观赏者的认可，本书中收录了部分"现代微型盆景作品"，好与坏，让大家来评论吧。

▲ 不会枯死的手工微型树桩盆景效果同样美轮美奂（刘克超作品）

▲ 用手工制作的树石盆景"鹤寿图"，陈列在案头可永久欣赏

▲ 作者自己动手制作的一组树石小盆景"五老拜寿"，无需管理

▲ 假的红枫树桩盆景组合山水小景，示意大自然在室内再现

现代微型盆景的形成

绘画是制作盆景之本源

国画

▲ 幽谷听涛图

▲ 河山如锦　伟业常新

▲ 清江一曲抱春流

▲ 一帆风顺　前程万里

众所周知，中国盆景艺术已有千年的历史。大家一致认为盆景是将植物种植在盆中，人工将主干和枝干进行蟠扎制作出各种造型和式样，供自我欣赏和同好者交流的一种艺术活动。是有益于专业与业余相结合的艺术活动，也有益于提升家庭环境。但传统盆景是活的艺术，它有生命，存在着懂得植物特性难、置放条件难、成活难、没有时间管理等问题，不能长久地保存，更要花时间用心维护它。

有很多盆景爱好者，因有以上难题而失去了种植盆景的信心，我就是其中一位。我极喜欢盆景艺术，又喜爱画画，只是植物养护知识欠缺，加上精力和居住条件有限，所养的盆景好多都夭折了。惋惜之余，总想着把枯死的、造型比较好的枝条重新加以利用。于是就萌生了制作"现代微型盆景"的念头，树桩"以假乱真"与国画、油画相结合，以盆景的形式刻画自然，同样生动形象、意境深远，既环保又能彰显自己的动手能力，把自己的心境淋漓尽致地表达于盆景之中。

盆景作为一种视觉艺术，是向人们提供精神食粮，传达愉悦和快乐。绘画与盆景最大的区别是平面与立体，画表达意，盆景体现境。每个盆景作品都可以表达自己的思想，它的创作不是客观物象再现，而是个人心迹的流露。我们可以在游览名山大川中找到灵感，也可以在阅读诗词书画中得到妙想。目的是愉悦身心，修身养性，至于形式就仁者见仁、智者见智了。我在近两年制作了上千盆各式各样的微型盆景，姑且称之为"现代微型盆景"。以下展示的一些拙作请读者品评指点。

油画

▲ 水乡更好竹中看

▲ 水乡秋色

▲ 故乡风景镜中看

▲ 小船驶过家门口

▲ "农忙时节"，这是从画的题材用石和树，背景以画的方法成山石立体画（砂积石）

▲ 现代山水立体画"节日游山村"（浮石）

▲ "无限风光在险峰"，是实践"中国梦"而作，人要有一个伟大目标（白风砺石）

▲ "桂林山水甲天下"，利用菜盆制成立体山水（浮石）

▲ 一只丢弃的洗笔盆也可以制成乡村景色"家乡的回忆"（英石）

▲ 利用盛菜的瓷盆可制成的景观"山上桃花开，地上耕耘忙"（斧劈石）

现代微型盆景特点

题材可以随意发挥
中国四大名著制成景

▲ 西游记（拂晓出雄关）（风砺石）

▲ 三国演义（三顾茅庐）（风砺石）

▲ 水浒传（林冲夜奔）（英石）

▲ 红楼梦（黛玉葬花）（风砺石）

以上盆景盆长均为 8cm×12cm

微型盆景又称掌上盆景，将大自然典型环境中最优美的树形和山石，经过艺术加工，展现在微小盆中，繁中求简，微中见大，缩龙成寸，达到非常美的艺术效果。

根据中国盆景展览评比委员会的规定，中国盆景分为特大、大、中、小、微型 5 种，树桩以树木根部到树梢直线长度衡量。山水以盆的长度衡量。根据规定 120cm 以上为特大，80～120cm 为大型，40～80cm 为中型，15～40cm 为小型，15cm 以下为微型盆景。

微型盆景因盆微小，树桩养护要求高，因土少易干，一不小心就会脱水死亡，为此，工作繁忙的、经常出差的不能玩微型树桩，编者也尝试过玩微型树桩，因缺乏时间及养护知识均以失败告终。

微型山石倒是可以试玩的一种形式，而且它变化多端，微型山水，一切从假开始，就此喜爱上了。当收集到具有皱、瘦、漏、透的特点石种，就可以任意发挥你的想象，只要注重整体效果，比例正确，有变化，免雷同，突出主题，可以制作出造型古雅、丰富多彩、无需管理的微型盆景，安置居室便可享受大自然的美景。

作者所做的微型盆景不是凭空想象出来的，是学习阅读了现代作家、文学翻译家也是中国近代盆景艺术大师周瘦鹃先生的有关园艺文学和盆景研究等方面书籍。他以笔耕为业，又精通书画，酷爱园艺，潜心研究，他遵循六分自然、四分人工的原则来制作盆景，仿照古人的诗和画进行创作，他所创作的盆景别出心裁、景意含蓄、耐人寻味，他主张制作盆景大小比例必须正确，才称得上是盆景中的上品，他将盆景与绘画作比，等于画一幅山水或一幅园林在盆子里制成一个山水和园林的模型，成为立体的实物。可惜的是他创作的是活的艺术，因时间的推移，不能长久保存而失传了，没有给后人留下学习的样板。就此，我就产生了怎么能将他的制作理念永久传承下来的念头，并能有后人来继续发展，后继有人。我所做的盆景，就有能保存的特点，为供喜爱者探讨，起抛砖引玉的作用。

常常发现许多传统的山水和树桩盆景造型都大同小异，就那么几种造型和几块高低石头的堆积。中国盆景艺术要随机应变，跟上时代，勇于开拓、体现历史

▲ 借古意作景，竹林七贤盆景（砂积石）

▲ 配合形势制作盆景，钓鱼岛是中国的领土（砂积石）

▲ 渔村风貌，中国乡村盆景（风砺石）

▲ 我爱北京天安门（青田石、浮石）

▲ 天伦之乐（上海别墅）（浮石）

现代微型盆景有浓厚的生活情趣，既有山水云树的自然美，又有民间院落的营造美，制我所爱，抒我心声，雅俗共赏

▲ 红色根据地，毛主席住过的地方（风砺石）

▲ 太湖远景（龟纹石）

▲ 旅游景区小镇（木化石）

▲ 扬州五亭桥游记（青田石）

▲ 中国园林盆景（风砺石）

现代盆景同样受欢迎

　　中国的盆栽与盆景同源于景文化系统，要用美学的特性与美学的趣味决定盆景艺术发展。树桩盆景是从种植发展意念艺术化方向的出现，经几千年来广大的喜爱者不断精进，在栽培和养植上专心护理，才能得到时代的认可，将大自然植物收集吸纳转化到独立个人现实中来。每个地区的植物都可以根据自己意向进行创作，于是出现了各类造型盆景。作者所著的《绘图盆景造型2000例》，就是关于树桩山水盆景造型的一本工具书，大家可参考。

　　随着现代技术的快速发展，现代生活方式的转变，微型树桩盆景受到取材、养护条件等的限制，只能在为数不多的人群中进行。为此，业内很多人士都转去玩玉、玩石头了。

　　作者也是从盆栽开始受到管理和养护条件限制，走出自己的一条路子，就是在"微"字上做文章，经过20年的摸索，所做的盆景在上海经过多次展出，反响极好。现代微型盆景也逐渐被大家接受了。

▲ 只有15cm的微型乡土盆景"老家"

　　当代盆景艺术界热衷于花草树木的种植，虽然创造各种主干、枝干形态的造型变化，但缺少精神和意境。中国传统盆景是要继承的，但继承不是目的，真正的目的在于丰富和发展。今天的社会环境发生了翻天覆地的变化，盆景艺术的表现形式和题材自然也应当随之变化。我们做盆景除了自我欣赏，更多的是跟同行交流，交流的目的是什么？是彼此学习，提高和发展，"艺术之高下，终在于境界"，意境的显露，是盆景之灵魂。我所

▲ 这是在北京展览会上展出过的乡土大型树桩盆景"老家"，威海园林管理处制（该景为100cm×50cm）

▲ 同样大小的冬景 "老家雪景"

创作的微型盆景，部分权威人士认为是假的，是一种工艺品。什么是工艺品？工艺品是可以复制的，我的盆景每盆不同，不可能复制。我如果有足够养植场地，每盆造型都可以用真树来代替。笔者认为艺术的生命来源于生活，艺术价值决定于民众。艺术只有先是民族大众的才会是世界的，再秀美的盆景如只有少数人在做，而没有大众参与，那么它也就没有意义了。一个爱好艺术的人，不能脱离现实，不能赶时髦，不能媚金钱俗气，不能只想走捷径。路在自己脚下，各想各的，各玩各的，自己支配自己应该做的事。学做盆景也要像哲学家那样思考问题，也要像做木工的匠人，两者合一是我做盆景的理念。王安石曰："不畏浮云遮望眼，只缘身在最高层。"

观众留言部分

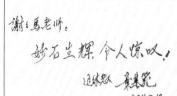

▲ 2011 年上海古猗园盆景展览（上海市绿化局颁奖）

▲ 展览会上的部分作品（1）

▲ 展览会上的部分作品（2）

▲ 漫画家为其作画《足不出户游名山大川》

▲ 观众纷纷留影回家仔细看

▲ 观众对展品惊叹不已，流连忘返

▲ 2014 年在嘉定文化中心展览活动

▲ 观众在认真欣赏微型现代盆景

现代盆景意境是灵魂

我们做盆景的人，一直是环绕意境在转。何谓意境，从我的理解意和境是两种范畴的统一，意是情和理的统一，境是形与神的统一。意境的特征是互相制约、相互结合统一体现出来的。

在造境过程中，因情和景相融，景中含情，情景结合的作用，造境不是凭空臆造，而是通过对自然形象进行意的烘焙而构成一种有理想有感情的自然空间景象。盆景艺术的创作过程也是造境过程，是由情伴随始终。以境感动人，为此，造境是盆景艺术的核心也是其本质特点。它表达"天人合一"，主客观结合深层次表现。盆景艺术要做到有景有情，如在自然直景中再进入情境，也就达到最高境界。当然，作者的修养在造境中占有很重要的地位，通过各方面的提升最终达到有景有情，又有修养，"情与景合，意于象通"的目标。

▲ "晚归图"，一块不起眼的石片可表现乡村晚归的意境（火岩石）

▲ "待儿渔归"，几块很小的风砺石造求渔村意境（英石、风砺石）

▲ "丝绸之路"，彩色千层怪石呈现沙漠意境（千层石）

▲ "田野风光"，回忆幼时在家乡情景（英石）

▲ "春耕时节"，利用家用瓷盆制成乡土意境（砂积石）

▲ "祖国山河美"，菜盆里的风景如梦一样的地方（浮石）

▲ "观瀑图"，立式瓷盆更能显示远山意境（砂积石）

▲ 有气势的立体盆景挂画"祝君一帆风顺"，立体画意境更能表达家乡离别情境（浮石）

让盆景充满现代感

我在创作盆景的过程中首先考虑到的是如何运用传统的盆景去表现自己所感兴趣的题材，在造型上既有古风，也要有当代人的审美趣味，不失深厚传统所固有的规范。现代人因工作压力，他们偏爱清净之境，故将收集的配件合成尝试，创作一些具有现代感题材如近代别墅建设和部分上海石库门、苏州园林等素材，将一石、一树、一楼制出幽秀之景，使观者忘却尘嚣，回忆或向往现代生活的需求，见景后能顿清心中的疲惫。我所作的盆景也可以作为旅游纪念品去开发。大家不要一味地模仿我所做的这些现代盆景，只要表现出时代盆景的个性，将大自然云林丘壑与民间人文动态、欣欣向荣的时代气息相结合，一定会受到广大观者的欢迎。

▲ 上海街景"石库门"（青田石）

▲ 采药人（黄山旅游之见）（五彩石）

▲ 上海城皇庙"九曲桥"是旅游者必到地（青田石）

▲ 福建土楼好去处（玉石）（浮石）

当今的社会环境发生翻天覆地的变化，盆景的表现形成和题材也应随之变化，盆景也要有时代精神，才会被现代人接受

▲ 现代人之梦（一）"家有别墅"（英石）

▲ 现代人之梦（二）"假日去游山玩水"（风砺石）

盆景的表达重在"意"，意是文化、意是生命与自然的结合，制作盆景要领先时代、跟随时代，这样的盆景才会有活力

▲ 鲁迅笔下的绍兴社戏（砂积石）

▲ 回望家乡多美（砂积石）

▲ 家住山居多安静（浮石）

▲ 牵着手，园中走，圆梦人生之乐（英石）

第三章　现代之后的微型盆景

现代盆景重视色彩美

　　盆景创作的目的是创造美的形象，而美离不开色彩，色彩能吸引人的视线，可以打动人的心灵。在盆景行业中，彩色在盆景中常被人忽略，主要原因有，一是盆景的主体形象是自然色，不会考虑色彩效果。二是作者不是艺术工作者，缺乏色彩学方面基本知识，体会不到色彩在盆景中起着重要作用。

　　自然界的色彩是丰富动人的，盆景艺术是自然美丽再现，自然界是在不断变化的，古人所说"山有四时色"，春山红树、夏山炫翠、秋山艳叶、冬山雪月。山色的变化实际上是植物色彩变化中反映衬托出来的。目前，山水盆景的基本色调是黑、白、灰为主，树桩以绿色为主，中国传统山水借鉴山水画而产生以黑色为主流，其次讲究清幽简洁的效果。近代的山水画也大胆创新了，画家张大千就用大版面色彩来丰富画面，色调明朗。盆景作者也要从原来色调中改变过来，我就选用了不同的山石，制作山水盆景，视觉效果还是不错的。

▲ 这盆树桩盆景都是清一绿色，缺少色彩美

花束、花环、花篮是大自然美的象征，有色彩的盆景更令人喜爱，更有欣赏价值，并且在树桩盆景中能起到画龙点睛作用

▲ 微型月季花朵小巧，色彩艳丽

▲ 现代盆景至少有这样色彩搭配（胡颓子、石榴）

▲ 配有色彩效果更佳（杜鹃）

▲ 玛瑙石榴花色柔和，美不胜收

山水盆景可用原石的色彩

▲ 山水盆景这种颜色单一不艳美（图一）

▲ 原石色彩单一，可用有色植物补充（图二）

▲ "春景"，经过打磨的绿松石

▲ "夏景"，选用绿色的孔雀石

▲ "秋景"，选用红褐色石制作（红彩碧玉石）

▲ "冬景"，利用白色的石种都可做（白风砺石）

制作前先画草图

　　我所制作的微型盆景，一定要先画草图，因为草图是在创作前通过自己的思索，本能和真情自然流露；是在特定的时空下，饱满着自己单独思想和情绪。在草图中，可以掌握"以大观小"、"以近观远"、"以体观面"、"以时观空"。画草图如将自己变成鸟在空中飞翔，观看大自然的一切形象，怎样在盆盎中表现得更为合理，有不对之处可以先在草图上修改，自己感觉顺眼了就按照图中去制作，草图使你达到理想中的"景"，所以不要小看一幅草图，它可称为盆景创作必不可少的一项内容，以下部分草图仅供参考。

▲ 这盆是回忆起年轻时写生的情景，动手刻此农舍留念（青田石刻）

▲ "乡情梦"，城中十万户此地两三家

▲ 这盆中的山形是在花卉市场收集的仙霞石，画了草图就此入景

▲ 山对岸是我家

第三章　现代之后的微型盆景

李可染《韶山》1.24 亿破纪录

李可染　韶山·革命圣地毛主席旧居

▲ 这是在报上见到拍卖消息，大画家李可染一幅《韶山》作品破 1.24 亿元纪录

▲ 心血来潮想做一盆立体韶山就画了这张制作草图

▲ 此盆就是依据上图刻制了毛主席故居立体盆景，既纪念又可以独自赏玩

▲ 君自故乡来

◀ 回忆旧居

▶ 回望故乡

▲ 村边水长流

▲ 屋前屋后全是水

▲ 山乡幽居图

▲ 归居图

▲ 湖边到处看山色

▲ 挂壁盆景草图——山居图

▲ 老家在山村

▲ 忆别

▲ 大树下是我家

▲ 别友图

▲ 待渡

▲ 遥看瀑布挂前川

▲ 江南小镇

◀ 过桥就是家

▲ 湖边人家

现代盆景制作方法

　　一个人对某些东西发生了兴趣，久而久之就会慢慢地产生一种热爱甚至痴迷，会不由自主地去寻找。从中会增长学识，增加对事物的认识，自觉地去珍藏喜爱的东西，兴趣最重要一点，就是坚持，心血来潮做兴趣事，是不会成功的，只要有坚持的精神，才有成功的希望。

　　现代盆景制作方法与传统微型盆景基本类同，主要在含意上增加"景"的内容而已，如山水盆景加强了石种的色彩及四季的变化表现。名胜盆景是将祖国的名胜古迹在盆景艺术上再展现；田园盆景是山水盆景内一种特写镜头，表现局部的村庄田园、家乡古镇。唐诗盆景是将中国传统的诗文化展示在立体盆景上。戏剧盆景是将古人的悲欢离合在盆景上传古意。指上盆景是将大自然更缩小。挂壁盆景是成为可赏性的立体的画。名画成景，将中国名画从平面转换成立体的盆景小品，是观树与石的风雅意趣。吉祥盆景是把人间美好向往在盆景上体现。以上这十类是作者在平时想象中制作出来的，是很片面的，读者可以将更多的内容去发现和制作，不需以此为例，希望大家能更进一步去实现所想到的内容。下面简略介绍制作方法，仅供参考。

底盆的来源

▲ 市场有售大理石盆

▲ 菜盆

▲ 泥盆陶盆

▲ 树皮可作盆

题材可在这里找

▲ 读书　　　　　　▲ 读画

▲ 读诗

▲ 旅游书上的景

> 配件是现代盆景不可缺少的内容之一，没有配件的盆景缺少生活气息。平时做有心人，在市场上收集各种配件，随时备用

配件收集

▲ 亭、楼、塔、桥、船、民居

▲ 各类船只动态

▲ 如没有合适配件，只能买软性青田石自己刻制

▲ 刻时用的工具

山的背景

▲ 平时收集有山形的小石头

▲ 用水泥黏结石块，用不会脱落的丙烯颜料在石上着色达到色彩效果

树干来源和制作

1. 收集有弯曲的枯枝和根须
2. 用丙烯颜料上色

3. 将制作好的树安在景中

树叶的制作

1. 将松软的海绵
2. 浸在颜料上色
3. 待干后粉碎

4. 也可选用人造干草做叶用胶粘在枝上（见上图）

草屋、水榭的制作

▲ 民舍、草亭、水榭、竹排都可自己动手制作

▲ 竹丝、牙签、棕皮、细木板、胶水

微型盆景的底座

▲ 市场上均有售：主要突出景的内容

▲ 几架要与盆景比例相附合

吉祥盆景制作过程

▲ 平时收集各类动物

1. 选用一块平整的石头，配上相形的底座；
2. 用大小各一的象；
3. 将制作好的树组成一盆"吉祥（象）如意"的盆景

第四章 十类现代微型盆景的制作

现代微型盆景的新思路

——传承中华艺术　抒写时代精神

对文艺界来说，艺术不能重复，艺术贵在创造，重复就意味着没有创造，没有创造也就谈不上艺术。

这些话听起来很容易，但做起来很难。微型盆景要创新，关键在思想观念的更新，我们要学习传统，但不能把传统看成绝对的东西，笔者认为中国盆景不是都以描绘自然植物为目的，也不是一种植物种植技术或枝干造型艺术，而更多的是植物以外的文化层面，盆景艺术要抓住物象（植物）的内在本质，是以人的精神表达为目的，融入思想情感发挥艺术想象，用广阔的想象空间去表演丰富的精神内涵，当今无论树桩、山水、微型盆景都存在着大同小异、千篇一律等现象，存在着模糊观念，认为只在传统程式上反复翻新就可以出新的作品。盆景最大特点是立体景观艺术，作为一个盆景艺术家要表现事物，必须提升自身的修养，把诗情画意、哲学思想融为一体，天籁共鸣也要用本身的感情投入，化腐朽为神奇，传布人间的福音，宣扬万物之大爱，悲鸣与共，雅俗共赏。打破仅以种种各类植物、花果来观赏而已。从古至今，历代盆景艺术爱好者，通过植物来表达对大自然无尽的热爱，制作出数不尽的名作给大家欣赏。盆景艺术家抓住天然易凋残的花朵树木及时描写其魅力姿态的时刻，把短暂美景通过盆景艺术保持得更加久远，但是具有生命的植物不可能永久传承下来，它总有结束生命的一天。为什么画家能通过画作把大自然无穷无尽的形态变化，通过绘画手段与心灵融合传承至今，形成了成千上万的画作。而为什么盆景艺术家传承

的东西这么少，原因就在于此。笔者搞了数十年绘画，但始终跳不出纸、笔、墨、布的框框。自从接触盆景艺术，见到传统的盆景，尤其是其中的山水盆景，便联想起天地间的各种景象，可以通过小小的盆盘反映出多姿多彩的自然境界。在盆景里，可以抓住自然景物和彩色变化，保持得更久远，还可通过盆景艺术将宇宙间日、月、星辰、风云、雨露千变万化的形象，得以保存下来。后来发觉立体盆景艺术是对大自然之物、人间活动进行的随心所欲的物象、景象变化入景，为此一发不可收拾，在退休后的 20 年间制作出上千盆的各类盆景，心感愉快。同时，可以作为中国文化交流的一种手段，这就是我创作现代微型盆景作品的初衷。

为提升大家对这项新颖盆景文化的开拓，让更多人投入到这项高雅艺术中去。我总结创作了以下十大类系列盆景。

第一系列是祖国大地名胜盆景。"江山万里都是家"可以表达祖国大地的奇妙，把大家对美丽祖国的深爱和思念以盆景景观形式加以表达。

第二系列是祖国山水奇景共赏。中国地大物博，江河纵横，高山流水到处可见，而且祖国有丰富的风化奇石，是组合山河景观最理想的素材。当你选好同类的石种，可以按自己的意图来创作天涯海角，用作品赞美大自然鬼斧神工的各种奇景，造求出许多场面的山山水水。

第三系列是田园风光，也可为思乡怀旧。因为人类都是从家乡走向城市，中国有句古话叫"落叶归根"，为此我们的根都是在田园家乡，而且家乡

分布在东南西北，经历春夏秋冬的变化。作为盆景艺术，可以用不同的题材来造景展示家乡美好风光，可以提升忆乡之情，是宣扬天然神圣大爱、永远不能忘祖的精神情感。

第四系列是古诗盆景。历代有众多文人、画家的诗画合一，画中有诗，诗中有画的艺术，笔者就以盆景形式来表达，经过一定的努力，百诗百景盆景已制作成功。其中最难的是人物的表达，要符合诗意去做，做出怡然自得、乐在其中的画面，创造出景中有诗、诗中有景的意境，这也是东方艺术唯有的最高境界。

第五是戏剧文化系列。戏剧深受人们的喜爱，戏剧表演使人感到真实而传神，艺术总该有"味"，有"味"的艺术是一种魅力，我在制作戏剧盆景时同样可以尝到这种"味"。制作盆景可选择戏剧中的一个情节，着重表现主观认识，将戏剧人物中的舞台美术通过盆景艺术夸张手法再现，可谓"借戏剧情节之美，寓意人生之理"，用心地将它们在狭小盆盎中表达出来。

第六是花卉盆景吉祥系列。伟大的中华民族大众，有着吃苦耐劳的精神，终年辛勤工作，希望能得丰硕成果，添一份未来幸福保障，美满吉祥的明天是全民追求的目标，也是最好的祝福。佛语曰："吉祥即取吉祥和祥和之意。"吉"善也，"祥"福也，百姓语为好兆头、有运气的一种表达方法，笔者画了大量的花卉盆景吉祥图，每幅图都可为吉祥小品，都可做富有吉祥意义的盆景。

第七是将中国名画制成立体盆景。中国的山水画，隋唐之前已见雏形，到北宋时中国山水画发展进入了高峰，出现了一批著名的山水画作者如展子虔、王维、吴道子、李思训等人，画家们深入自然，探索山水之奥秘，在有限的空间里创造完美的幻想，作品都带有浓厚的人文之间的平衡。他们创

造的是比自然更为完善的世界，那些平面画作，如选用立体盆景艺术更深入细致反映画面制作出自然景观，细致度与虔诚对意境的强调，不亚于绘画气质和风格，并且盆景的特点是立体的，观赏体验是超前的。

第八是指上盆景。所谓指上山水盆景就是显示超小的一面，它比微型山水还要小，它体积虽小但同样是大自然美景的缩影，纤巧盈握，在手掌之中可放置数盆。诗人苏东坡写道："上党挽天碧玉环，绝河千里抱商颜；试观烟雨三峰外，都在灵仙一掌间……"他把飘渺如画的风光，咫尺千里、美不胜收的景色，想象成入于盆景中，在掌上赏玩。指上盆景如安置在博古架上自我观赏也有极高雅的情趣。

第九是微型挂壁式山水盆景。简单说就是把画框里的平面山水画制成立体画，是将优雅的山山水水进行缩小，构图配上真石、树、桥、亭、人物，以水墨与西洋画交融而产生神妙特质的背景，利用虚实相生，在小小盆景上反映出山石的坚硬，林木的葱茏、丘壑的气脉和云水的灵动，使中国的山水呈立体状，给人耳目一新的视觉效果，也可将古人表达山石景象的笔墨技法与祖国山水置于盆景之中，安置在书房几案，挂在壁上装饰家居环境，既可调剂生活，也可给你带来身心的愉悦，一举两得。

第十是盆景趣味小品组合。其有文人的诗意，深广的典故含义。一组小品可以在作品中富有意趣、耐人寻味，帮助大家看懂生活，明白人生目的，小品不但能烘托情意，更有实质内涵。

以上十大系列，是笔者作品的类别，也都是整个微型盆景创作的主题，希望自己所作的盆景展示后，观者能热爱祖国、热爱自然。千万年传下来的盆景艺术，不单是玩物和装饰品，而是要在最小的空间去呈现最多的述说，具有教益和思索的作用，

这是我最虔诚追寻的理想，祈求的愿望。

笔者认为，盆景艺术不能墨守成规、走临摹别人的老路，在观察自然变化和时代变化的同时去造化自然妙境。任何艺术品是将情感呈现出来，供人欣赏的，笔者创作出每一盆的景色心中都有着别样的快乐，如果能让普通老百姓看得懂，而且还能让人喜欢，专业人士看了感觉有点"味道"，认为这是盆景艺术上一点点创新，就是我莫大的满足了。

▲ "大树下面是我家"（用树皮作盘）

▲ 长卷山水田园 "幽静的山村"（斧劈石）

▲ 长卷盆景 "瑞雪兆丰年"（砂积石）

中国名胜盆景的产生

　　中国地大物博，风景秀丽，随着人们生活水平的提高，每逢节假日都想去游玩一下。我年轻时到过许多地方，爬过很多山，接触盆景这个圈子后，就想用什么方法可以将地区特色名胜、山脉风光，用一定的比例缩小，如中国万里长城、桂林山水、中华五岳、苏州园林、云南石林、长江三峡等名胜风景制作成现代盆景，通过盆景艺术表达丰富的内涵和意境给自己和观赏者一种身临其境的感觉。

　　中国盆景艺术是"缩名川大山为袖珍，移古树奇花做赏景"。通过自己的构思再现大自然的风姿神韵，不出门便可领略一番大自然的诗情画意，闲暇之余，仿佛进入"画境之中"。

▲ 南京中山陵（青田石）

▲ 北京长城（砂积石）

自然景观的最高级别无疑是世界自然遗产，祖国有那么多的名胜古迹，世界遗产都可以用盆景形式去表现它、展示它、纪念它、保护它

▲ 扬州瘦西湖五亭桥（青田石）

▲ 苏州虎丘（砂积石）

▶ 桂林象鼻山（斧劈石）

▲ 绍兴水乡（青田石）

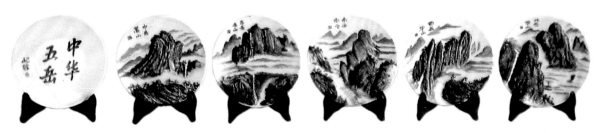

▲ 中华五岳（浮石）

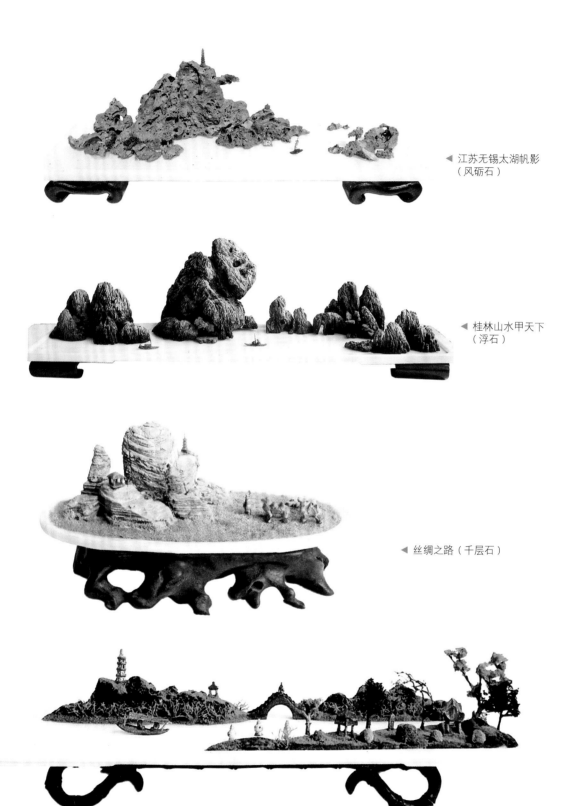

◀ 江苏无锡太湖帆影
（风砺石）

◀ 桂林山水甲天下
（浮石）

◀ 丝绸之路（千层石）

▲ 浙江杭州西湖（砂积石）

现代山水盆景要生机勃勃，充满情趣

制作山水盆景，先要在心中对盆中的内容有一个总体设想，根据盆的大小比例，首先要知道你所做的盆景是在哪个时节，在选用石头时就有所针对性，呈浅绿色是春，深绿色为夏，呈红褐色为秋，白色石可制冬景。在盆中布石要分清远与近，前与后根据群峰山石的姿态来安排，远山与近山要有过渡，主峰要突出，配峰高低要错落，不能是平行山头，山脚要有边岸，可安置民舍和小桥。水面走向通道要明确，行船走向表达清楚，山中树木点缀要有比例，排列美观，这里只能说明制作山水的大概，主要还是要表达万水千山的意境，凡是做山石盆景无论是硬石和软石都要做到石种一致，纹理一致，格调一致。硬石要经人工打磨，把尖碎棱去掉，布局不需铺满，需合理空间。

四季之景不同　朝暮之变不同

▲ 春（斧劈石）

▲ 夏（斧劈石）

▲ 秋（斧劈石）

▲ 冬（斧劈石）

▲ 春天的大地一片浅绿景色（乳瓦石上可加色）

▲ "待渡"，现代山水盆景要注意色彩，主峰突出，配峰高低错落（红碧玉石）

▲ 夏天植物旺盛期满山翠绿，以孔雀石原石为代表效果最佳

▶ 秋天景色美，夕阳照射下的大地一片褐红色（彩色斧劈石）

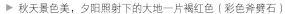

◀ 冬天寒风凛凛，可选用白色石材料来做（白风砺石）

第四章

十类现代微型盆景的制作

109

山水盆景应摆脱繁琐，要有空间感、有气势、有层次、有阴阳凹凸的立体感

▲ "秋帆旷览"，用黑色大理石做底盆（风砺石） 4cmx25cm 长卷

▲ "前程万里"，用长型盆做，可推拉视野 （红斧劈石） 4cmx30cm 长卷

▲ "一帆风顺"，此景近山和远山要有过渡，以求视线深远（靖江石） 4cmx30cm 长卷

▲ "繁忙的港湾"，此景留有合理空间（虎皮石） 4cmx30cm 长卷

风土人情的田园盆景

在盆景艺术制作实践中，任何山水盆景都有其保守性和局限性，大多数是选上几种石块，进行截断后，前后高低拼凑进行摆布，形式往往类同。如同作画，画家都喜欢画"大山水"，但当前画界在传统的技法上进一步革新了，创新成用特写小品的形式来反映乡土田园山水新风貌，将自然与人文的真实感深深地反映出来。因此，我就想到如何从盆景艺术中找到新灵感，于是选择"田园盆景"这一题材，作为寻求新的山水盆景的载体。

品读宁静的山水田园意境，就是乡村之家安详而平和的生活写照，是历代诗人和画家大量"吟咏"的田园风光。在这里可以歌颂祖国的大好河山，歌颂美好的时代，歌颂过去和今日农村山乡的变化。在这里可把那些层叠的梯田、绕山傍石安住的民居、围墙内的菜园、小河中嬉戏的家禽等多种丰富的生活艺术形象，呈现得淋漓尽致、生灵活现。

我制作了100余盆田园盆景，表达自己对家乡本土的真切之情。我认为盆景创作不要有一定的样式，要摆脱流行的套路。盆景艺术不是单一的植物种植，它可变换成一盆盆抒情的诗、一盆盆立体的画。

田园盆景可以给你一丝清新，一分宁静，一段对家乡的回忆。别忘生我养我的地方。

▶ "老家的回忆"（青田石）

家乡田园是我家，雨后秋色景更佳。我愿一生居此地，朝享甘泉晚彩霞

◀ "田园旧居"（砚石）

◀ "乡间的老屋"（砂积石）

◀ "黄河边上的小镇"（红松石）

◀ "湖边到处看山色"（英石）

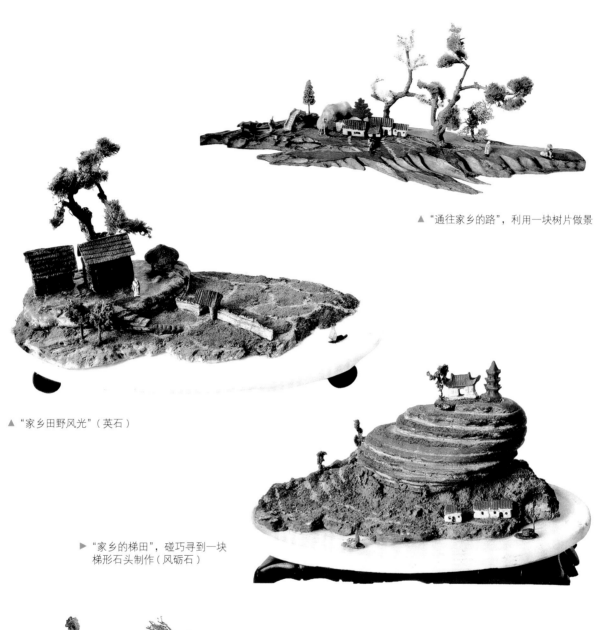

▲ "通往家乡的路"，利用一块树片做景

▲ "家乡田野风光"（英石）

▶ "家乡的梯田"，碰巧寻到一块
梯形石头制作（风砺石）

◀ "桥头话旧"（青田石）

古典唐诗盆景

　　千百年来，唐诗是中国古文化宝库中的一颗明珠，是中华民族最珍贵的文化遗产，脍炙人口，具有高度的艺术性及广泛的流传性，也是古典诗词的范本。

　　自古至今，人们出版了无数的"诗配画"或"画配诗"的书籍刊物，都有一定的艺术境界和欣赏价值。我也画过此类图。自从我接触了盆景行业，就一直有结合古诗词来制作立体盆景的想法，我认为这是取之不尽的题材。在制作的同时，我也可以从诗词中了解古代诗人的哲理和感受，可借诗人所描述人生哀乐、社会特征、朋友交情，来描绘祖国山河的壮丽多娇，揭露当时社会不良现象，歌颂正义之战、抒发爱国思想等。

　　诗是一种意境，诗是一种优雅，诗有抒发情感的美意，诗有震撼心灵的力量，诗能产生想象和梦幻。这样好的题材用于制作立体盆景是多么美好的事情，我用了几年时间将唐诗结合书法共冶一炉，制作了"百诗百景"图，以撰赏阅，借景抒情，理解内涵，教益人们实现自己的理想。但实因自己对诗理解不透、文理有限，只能给大家参考之用。

悯农

李绅

锄禾日当午，

汗滴禾下土。

谁知盘中餐，

粒粒皆辛苦。

（砂积石）

江雪

柳宗元

千山鸟飞绝，

万径人踪灭。

孤舟蓑笠翁，

独钓寒江雪。

（海母石）

送友人

李白

青山横北郭，白水绕东城。

此地一为别，孤蓬万里征。

浮云游子意，落日故人情。

挥手自兹去，萧萧班马鸣。

（风砺石）

枫桥夜泊

张继

月落乌啼霜满天，

江枫渔火对愁眠。

姑苏城外寒山寺，

夜半钟声到客船。

（浮石）

盆景艺术中所谓"诗意"，就是在作品中流露出神韵、情趣和气势等多种元素，将自然之物上升为艺术之物，将精神与自然合二为一

过山农家

顾况

板桥人渡泉声，
茅檐日午鸡鸣。
莫嗔焙茶烟暗，
却喜晒谷天晴。

（风砺石）

山中

王勃

长江悲已滞，
万里念将归。
况属高风晚，
山山黄叶飞。

（黄松石）

逢雪宿芙蓉山主人

刘长卿

日暮苍山远，
天寒白屋贫。
柴门闻犬吠，
风雪夜归人。

（龟纹石）

戏剧盆景传古意

众人所知，中国近代画坛上的关良大师，是最早将西方现代派的绘画理念引入中国传统的水墨画之中，创造了别具一格的戏剧人物画。如今也有大批画家创作了不少有关戏剧的画作。我认为，用中国盆景的形式来表现戏剧愈加能散发东方艺术的独特魅力。

戏如人生，人生如戏，社会是个多姿多彩的大舞台。可以将山石和树桩展现在方寸之内的小小盆盎之中，演绎着芸芸众生的悲欢离合故事。闲暇之余尽情地欣赏"戏剧演员"的唱、念、坐、打，如痴如醉，那就是戏如人生。

戏剧盆景可以表达出如戏人生的具体化和意境化，能将其经典的瞬间更加写意化。如同戏剧年画，画中有戏，百看不腻，深受百姓欢迎。作为一个盆景艺术爱好者，应该将戏剧的情节和中国盆景两大国粹融于一体，这不仅是弘扬中国传统文化又一次艺术视觉的盛宴，而且是盆景创作上的又一新的突破。为此，我制作了如红楼梦黛玉葬花、西游记、林冲夜奔、断桥相会、三顾茅庐、苏武牧羊等主题的戏剧盆景。戏剧盆景以树、石、人物为场景用盆景形式巧妙地结合起来，达到艺术上的和谐统一。当一盆盆戏剧盆景陈列在居室案头，可以让人再次感悟中国戏剧中塑造的各类艺术形象，通过剧中描写的爱情欢乐、情人相思、向往自由、忧郁愤恨的感情表达，再捕捉自然美来烘托艺术形象，形成情景浑然一体的境界，同时也展示传统艺术的与时俱进，将中国传统盆景文化与经典艺术结合再现新亮点。我相信，风格各异的戏剧盆景，可以让艺术创新更有新的活力。"借戏曲喻今借古 居今鉴古诗教育。"

▲ 越剧　白蛇传（断桥相会）（英石）

▲ 京剧　西厢记（张生跳墙）（风砺石）

任何艺术品都是将情感呈现出来供人欣赏的，是由情感转化为可见或可听的形式，使人有着别样的快乐和感受

▲ 昆剧 牡丹亭（亭中约会）（砂积石）

▲ 京剧 苏武牧羊（向望国家）（英石）

▲ 京剧 林冲风雪山神庙（英石）

▲ 越剧 祝英台哭坟（砂积石）

▲ 戏剧　孔雀东南飞　欲泪送别

▲ 越剧　杜十娘怒沉百宝箱（英石）

▲ 沪剧　庵堂相会（风砺石）

▲ 越剧　红楼梦　黛玉葬花（砂积石）

指上盆景的博雅

▲ "身置自然景"，指上树桩"松下待友"

　　我喜欢石头，因为石头的奇特造型及其特有的自然属性，能让人感受到自然的生机，呼吸到自然的气息。

　　这里所谓的指上盆景，实际上是小石头在盆上的组合。目前，市场上石种越来越丰富，而且不同石种有不同色彩，如果用其来精心构思进行造景，指上盆景会大有作为。在制作盆景时可引用山水画画法理论取石之精华，合乎于自然规律。诗人苏东坡在欣赏山石盆玩时写下"上党换天碧玉环，绝河千里抱商颜；试观烟雨三峰外，都在灵仙一掌间……"的佳句。诗人将中国苍茫飘渺、如画风光，想象成咫尺千里、景色入胜的掌上珍奇。

　　指上盆景是目前山水盆景中最小的一种盆景形式，其体积之小、眼观之大、视野之广，依树听泉、秋江帆影、芳亭叙旧等都可通过创作呈现在眼前。这种以微为主的盆景艺术，安置在室内、陈设在博古架中观之，犹如身置大自然，达到足不出户便可神游山水、体味回归自然之感。每当我完成一盆指上盆景时，会很吃惊地发现这些小石头的灵性天性，是不可再生的艺术性。难怪，越来越多的人都在玩弄石头——指上盆景是值得一玩的盆景形式。

▲ 体积小、视野广的指上山水盆景（黑斧劈石）

▲ "这里风景独好"，指上博古架组合

▲ 一指能现群山景（红斧劈石）

▲ 高山流水指上赏（木化石）

▲ 一块碎石入池盆，忽见指边观奇峰（雪花石）

▲ 乘船游群山　指上景组合（各类小石）

▲ 神游山水，手掌寻真乐（各种小石头）

▲ "陪读"（风砺石），独立的一块小石

▲ "谈天说地"（玉石）

▲ 指甲胜景（多种碎石）

挂在墙上的艺术——挂壁盆景

这是近代盆景艺术的产物，有人想把小树种在木框或石盆里，以挂在墙壁上欣赏；有人在木板上挖一个空洞（瓷盘也是这样，背后挂上盛土袋），小树的叶露在正面，根部安置背面，这样便产生了挂壁盆景。在20世纪七八十年代，上海盆景赏石协会会员把很轻的浮石，用水泥贴在大理石面上，挖洞种入小树，用国画的形式画上背景，山峦叠嶂，极为美观，很受广大同行的欢迎。但实际上它是临时性的欣赏，你想这么一点土，树木能存活多久？因此，在展览会上所见的山石盆景展览，基本上都是临时种上去的，多数是假的。那么我们就假到底，做成微型，大家就可以在家里壁上观赏。将中国山水画中的名山大川、远树平林村落、小桥流水人家等大自然景观有层次地进行描绘，选用西洋油画与水墨交融描绘出美丽的背景，与山石组合造就"孤峰露苍骨，疏木耸坚干，案头持虚壁，浩然逍遥游"之感。将平面的中国山水优秀绘画技法和传统的盆景艺术运用在立体之中，可以将古人表达山石景象的笔墨技法和油画中的重新组合在一起，极为美观。

自制微型壁挂山水不一定要用大理石盘。家中多余的菜盆，用小石头磨割成平面，用普通胶粘即成，背景用油画或丙烯颜料（遇水不褪色）绘制，既有天然元素，又有人工再造。是一种非常有自然气息又极具欣赏价值的高雅艺术活动。作者制作了大量的挂壁山水盆景，框式、立式、屏风式等多种形式，把它们置于居室，除了美化环境、装饰家庭外，更重要的是它能消除你一天的疲惫与浮躁，修身养性。

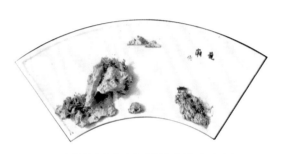

▲ 在挂壁山水盆中种植树草能活吗？（砂积石）

▲ 这盆松树能活多久？

中国盆景是以写实为主，是表现自然通过追忆回归的现实、深刻挖掘民族情感与乡土气息，可挂可放的挂壁盆景能达到自然与人生的回忆

▲ 可以永久保存的桂林山水美景（浮石）

▲ 利用瓷盆制作立体山水，经久耐看（砂积石）

▲ 登高壮观天地间
利用云石图纹布景（平面成立体）

▲ 山峡夕照
风砺石（可用硬石制作）

▲ 秋红大地　立体插屏（砂积石）

▲ 上面装有 LED 灯管的立体山水盆景"深山雅趣"（浮石）

▲ 可以做成比笔杆还小的立体山水盆景"家乡美"
（砂积石）放在桌上永久欣赏（砂积石）

▲ 利用这只相片架制成六面旅游立体微型小景"旅游回来"
（砂积石、浮石）

▲ 利用室内窗框制作立体山水盆景"家乡的回忆"（斧劈石）

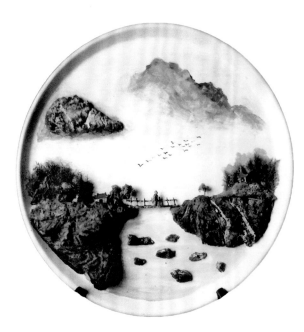

▲ 盆中佳景（砂积石）

▲ 插屏 "三峡秀色"（英石）

▶ 春、夏、秋、冬四季观景（浮石）

◀ 屏风立体山水 "月照大地"（砂积石）

中国名画制成景

在历史悠久的中国绘画史上，前一代代的画家都一直为后一代的绘画者作讨论和研究，而年轻一代一直在不断地观摩古画，从临摹画开始学习画中神韵，这样才能青出于蓝而胜于蓝。制作盆景也要懂得古代文人在绘画中的精神内核、天机和自然造化、其中的意趣，才能塑造出生动气韵。画中的古物足迹，所表现出的画意都可以在盆景艺术上加以收集和揣摩，将画中平面构景改为立体，画中的山峦体势造型、画家的不同画法、不同山势脉络组织方式都可以用到盆景艺术的创作中去。

盆景创作灵感是由学识和积淀形成的，如在阅读古诗画中发现某一场景，均可立即记录和摘取。古代和近代书画家的作品，很多可以成为制作盆景的好题材，同时又能学到画家的技艺开发及画面构图，都可在盆景艺术上加以应用，将平面绘画改为立体盆景也是用心灵在传播历史文化。如《兰亭修禊》古画，公元353年暮春雅集图中，雅士共四十余人，雅兴十足地在曲折溪流边，相对而坐，一边饮酒，一边吟诗，这种意趣情怀和情景不仅仅是为了画面欣赏，而主要是通过反观历史，思考人生。我根据此画制成了一盆立体观赏盆景，作为王羲之书法前辈的怀念。

◀ 明代　文徵明画《兰亭修禊》

明代文徵明画的一幅有关大书法家王羲之在浙江绍兴举办一次文人集会，当时东晋穆帝永和九年（353），王羲之与谢安等四十一人，在兰亭曲水而洗涤，文人临流水而坐，咏诗畅叙，流到谁处就作诗文一首。王羲之在此集会作了序，传世后代，为此依据当时的环境制作了这盆盆景，作为对这位中国书法前辈的怀念之情。

时光的流逝是看不见、摸不着的，我们做盆景的人就是要将流逝的记忆再生

▲ 盆景 "兰亭修禊"（英石）

▲ 画意成景 "偶遇同钓图"（红斧劈石）

▲《偶遇同钓图》

沈周，生于明代宣德二年（1427），是明代有名的山水画家

▲ 松树高于屋，可留春禽养子孙　丰子恺画

画家借着这幅美景来示意人间的美好环境，鸟儿成群地在树上筑巢安家，作为每个中国人应懂得爱护环境，维护生态平衡。另外，告诫子孙，要通过自己的劳动，努力建造住房，鸟在寻食的同时，还在考虑如何去建屋，我们子孙难道办不到吗？此画有着双重含义，大家自行去领会。

▲ "家门前的高树"（砂积石）

▲ 唐伯虎《约友共叙》

此画画意是写平日无事可做的情况下，就与书友在家屋的南窗下欢畅交谈，享受大自然的风光，任凭南窗之风吹起满头鬓丝。后桥上还有老者相约而来，画后的山泉，因底盘的面狭小无法再安置后山之景，只能让赏者自己去想象此情此景。

▲ 依据唐寅的《约友共叙》所作

▲《春耕图》（砂积石）
画与景主要取其意，不能照搬

画家陆俨少用简洁的几笔墨色，描写出农村春季里一片繁忙景象。古时的农村靠山吃山靠水吃水，就是山边的平地可耕田生产粮食，河道里可以捕鱼为食，各有事做精神上无非分之想，平平稳稳在自己生长的一片土地上祥和地生活着

▲ 画家黎雄才绘制《风雨归渔》

▲ "风雨归渔"

此图显示以渔业为生的渔民艰苦生活的状态，将在大风大雨中匆忙回家的平面镜头改成立体盆景，作为对古人渔民生活的回忆（风砺石）

徐悲鸿作品拍卖价格纪录刷新

《九州无事乐耕耘》拍出2.668亿元

友谊的见证。徐悲鸿与郭沫若相识于1925年，直至1953年徐悲鸿逝世，28年交往不断，其间郭沫若曾为徐悲鸿与廖静文证婚，徐悲鸿逝世后，郭沫若还题写了徐悲鸿的墓碑和徐悲鸿纪念馆的匾额。1951年郭沫若出席"第三次保卫世界和平大会"，并在莫斯科克里姆林宫被授予"'加强国际和平'斯大林金质奖章"。徐悲鸿获悉之后欣喜万分，抱病为郭沫若绘制了这件150cm×250cm的宏幅巨制。《九州无事乐耕耘》不仅是中华人民共和国成立后徐悲鸿最大的一幅作品，而且精心布局，把土地改革、抗美援朝等时政题材寓于其中。这作品完成后，徐悲鸿便立刻送给了郭沫若，目前属国家一级文物。　（岳瑞芳）

■《九州无事乐耕耘》(局部)　　　　图TP

本报讯 在日前举行的北京保利2011秋季拍卖会"中国近现代十二大名家书画夜场"上，徐悲鸿代表作《九州无事乐耕耘》以 2.668亿元成交，刷新徐悲鸿作品拍卖成交价世界纪录。　《九州无事乐耕耘》创作于1951年，是徐悲鸿与郭沫若深厚

▲ 高价的名画观后就忘

▶ 留下盆景始作纪念，"乐耕图"（砂积石）

风雅意趣的小品

随着生活水平的提高，玩花木与盆景的人越来越多，玩弄石头的人也不少。大多数人将盆景小品放置在阳台或书房案头上，点缀家庭的文化氛围，表示着人们对大自然的热爱。

十多年前，我加入上海市盆景赏石协会后，副会长李金林先生赠给我他编著的《中国微型博古盆景》一书（香港版），我如获珍宝。他把在博古架陈列的微型盆景再进行创新，将树桩、石头、配件互相结合成幽雅，并带有文人诗意、古典含义极深的"小品"作品。在书中他将微型盆景与赏石有机结合，配上书法借助配件敷设陪衬，烘托出人文情意，更富有意趣。他的"小品"可以帮助我们认识世界，看懂生活，明白人生之目的。例如小品"愚公移山"，他在一块供石旁边放了一盆爬山虎植物示意在大地之中，旁边摆放一位年长者手拿锄头开山行路（瓷质）。最有含义的就是旁边有一堆开掘的碎石及一只茶壶，这些非常简单的道具起到画龙点睛的作用，使人回味联想。又有一组"李时珍尝百草"。松树下，药师李时珍在聚精会神地关注着收集到的灵芝及各种药材，不断书写记录，为民治病的情境再次展现，表达作者对古代药师的爱戴。此类小品强调作品的意趣及艺术品位，没有意味的盆景与赏石，即使树再粗盆再大也表达不了作者的真情。其实，自古以来，中国把诗礼传家、知书达理的人家叫"书香门第"。作为书香，不是只有书，而是家庭生活充溢着浓郁的文化气息才有的"书香"，家庭就会蓬荜生辉，充满阳光。中国古代文人所作的诗词，含义极深，外国人是根本感悟不到的，只有中国人才能领会其中的画意盎然、涵养高致。上海已故的微型盆景大师李金林先生，他将树木、赏石、花卉，饰品组合为一体，为我们在绿化、美化、饰化上做出典范，他每一组小品的题意能做到与大自然的互动，深层次地映射出人文精神及高雅民族文化，含义极深，回味无穷。

李金林先生所创作的"小品"盆景，既提升个人爱好，同时修身养性，希望有一定修养的文化者及盆景爱好者少去会所，少上麻将台，闲时可以在自己的办公室、家居内，多搞一些高雅文化艺术，经常更换各种题材的小品。这是一种独特艺术风格，值得提倡。以下几组小品是编者学做的资料，仅供参考。

▲ 小品"愚公移山"，不达目的誓不罢休 李金林作

亲尝百草治民疾 妙手回春术神奇
二十七载风和雨 《本草纲目》传寰宇

▲ 小品"李时珍尝百草"，为民造福（李金林作）

▲ 小品"水中捉月"，空想主义者（李金林作）

▲ 小品"书写江山"，表达祖国山河美（李金林作）

▲ 小品"正大光明"做官要检正（李金林作）

江亭帆影

▲ 小品"江亭帆影"，一帆风顺夺前程

▲ 小品"读书万卷，前程万里"，希望年轻人多读书

▲ 微型插花盆景小品"淑女花缘"，人人爱美之

▲ 小品"山高水长"，热爱大自然风光

▲ 小品"板桥竹缘"，做人要有高风亮节

花卉吉祥盆景受人爱

  中国有悠久的历史文化。生活中有丰富多彩的民俗歌谣，尤其在民间，出现了许多表现美好幸福的语汇。人们用高雅的艺术手法将生活中的食物、花鸟、鱼虫的谐音及音声形象表达象征吉祥和快乐、美满幸福的来临。如亲友之间来往，用吉祥言语或实物相互馈赠，祝福称庆。

  作为盆景艺术爱好者，可以把花卉、盆景、博古物等组合在一起，以花卉盆景方式释疑，表达其对幸福美好、平安、祈求与期望。我把花卉盆景作为吉祥快乐的内涵绘了一册"花卉盆景吉祥图"，可以作为制作此系列盆景的参考。当今，安居乐业的时代，人们的绿化、美化活动的行为更进一步展现了人类文明生命意识、伦理认知、宗教情怀和审美情趣。因本人学养有限，只能把自己的感受和查阅一些相关资料，以图文方式介绍给花卉盆景爱好者，作为一种新的艺术表现方法，供大家在自己的居室进行装饰、布置、赠送。如能利用业余时间自己动手制作，是极有乐趣的事。以下篇幅的图例仅供参考。

▲ 竹报平安

▲ 马到成功

▲ 吉祥如意

用花卉盆景组合示意吉祥可以表达人们对平安、美好、幸福的期望

▲ 松与石的布置，装饰居室，祝福父母长寿

▲ 松竹梅盆景加添寿石祝福友情美好和牢固

▲ 写字、绘画、品茶、读书是最好的养生方式

▲ 以竹、石、长寿草祝贺年年平安

▲ 用花卉与盆景点缀，在家庭中静静地喝茶读书

▲ 家居种万年青、牡丹花示意万年富贵

▲ 观赏花卉盆景，文人的闲情

▲ 用山水天竺和寿石含义祝君如仙人般长寿

秋风与作烟
云意汲水埋
盆故月痴

▲ 家中摆放花卉盆景可让人忘掉一切
烦恼

事能知足心常惬
人作盆景品自高

▲ 用山水盆景和树桩盆景品赏调整自己
的心态

白头方悔读书迟

▲ 年老的时候方知年轻时不重视时间,
浪费了青春岁月

顽石无言
孤芳自赏

▲ 欣赏盆景与石头呈高雅的品位

吉祥花卉盆景启发我们在养植盆景花卉的同时用来布置独立的单体，抒发怀古思归之幽，可使用各种道具作为载体，使人在欣赏中得到滋养，心灵得到净化、精神得到陶冶

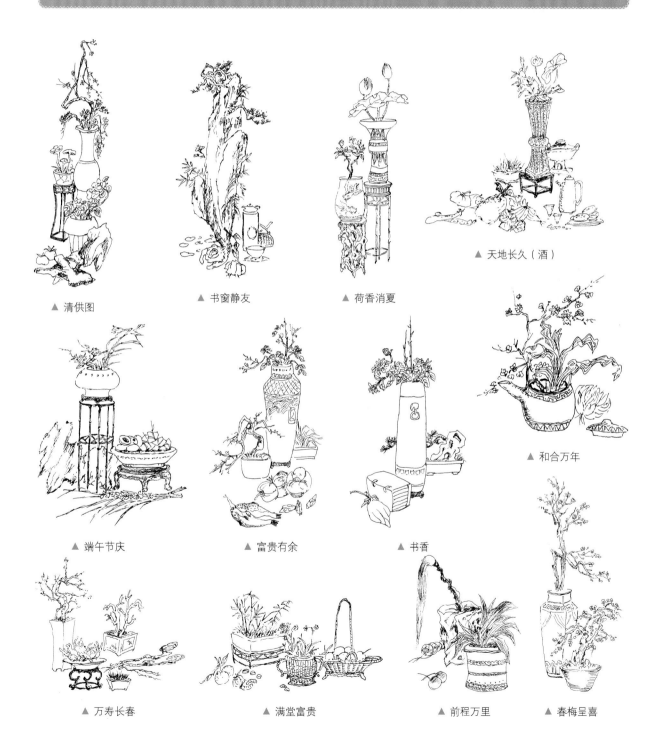

▲ 清供图　　　　▲ 书窗静友　　　　▲ 荷香消夏　　　　▲ 天地长久（酒）

▲ 端午节庆　　　　▲ 富贵有余　　　　▲ 书香　　　　▲ 和合万年

▲ 万寿长春　　　　▲ 满堂富贵　　　　▲ 前程万里　　　　▲ 春梅呈喜

▲ 端午时节　　　　▲ 年年有余（鱼）　　　　▲ 春光常在　　　　▲ 竹报平安

▲ 岁寒三友　　　　▲ 纳福迎祥　　　　▲ 指日高升　　　　▲ 玉堂富贵

▲ 群仙祝寿　　　　▲ 喜相逢　　　　▲ 合欢图　　　　▲ 百事大吉

第五章 唐诗盆景与乡土田园盆景选登

唐诗作景　美不胜收

诗内容丰富、意境深远、形象生动、韵律优美，通过阅读能让人产生美好的想象，从而获得美丽的享受。诗是民族的心声、文化集萃的载体，尤其唐诗是中国诗歌艺术的高峰。唐诗题材广泛，流派众多。有山水田园诗派、现实诗派、边塞诗派、浪漫诗派。他们用自己独特的风格及技巧、锐利的目光反映了当时社会人民的喜闻乐见。

作为一个盆景艺术爱好者，有责任有义务将诗的内容以立体形式表达出来，帮助大家理解唐诗，提高大家阅读兴趣，增强审美能力，提升和继承我国的优秀传统文化。

我在闲暇之余，把比较著名的唐诗按照自己的理解，制作成立体的盆景，为古典诗歌的继承提炼一种新的形式，从中吸取有益的营养，并对少年儿童及读者进行中国传统美德教育，如李绅的《悯农》，写出农民劳动的艰辛和对浪费粮食的愤慨；

又如孟郊的《游子吟》歌颂伟大的母爱等。本部分为大家编录几幅作品，虽然没有包括唐诗的全部精华，但却是长久以来人们都熟悉的，初步反映出唐诗特有的精神面貌，编者本人对诗篇的理解是不深不切的，在制景中缺点不少，人物的雕刻表达还有所欠缺，希望读者在阅读时，能进行思考和体会，不要受书中解说的限制，同时恳请读者多提意见和建议。

"腹有诗书气自华"，通过诗词我们可以提高自己的文化底蕴，因为它是一份宝贵的精神文化遗产。我认为中国山水盆景艺术不在于大创作，求大求气势，尤其是唐诗盆景都表达"写人记事"有意趣的小品，诗中的抽象意味变化为视觉的转换。盆景艺术当然不能完全具备诗的功能，但诗的优雅、抒情、美意、境界都能为盆景艺术所用。是否可以追求和捕捉诗中的绿野仙踪，全凭制作者"悟"而所得。

清明

杜牧

清明时节雨纷纷，路上行人欲断魂。
借问酒家何处有？牧童遥指杏花村。

（浅解）清明节时，诗人孤零零一人在异乡路上奔波。绵绵细雨心里很不是滋味，在路边打听一下哪里有酒店，歇脚借酒消愁，一个放牛的牧童，指着对岸远处杏花盛开的村庄，那边就有酒店。本诗主要描写清明时节的天气特征，抒发了孤身行路人的情绪和希望。

石种：英石
规格：6cm×15cm

回乡偶书

贺知章

少小离家老大回，乡音无改鬓毛衰。

儿童相见不相识，笑问客从何处来。

（浅解）我年轻时离开了家乡，将近年老才回乡。家乡口音没有变化，但两鬓头发日益斑白稀疏。孩子们都不认识我，都笑着问"你是从何处来的？"说明光阴短暂，人间变化甚快。本诗充满生活情趣，抒发作者久客他乡伤感的同时，也写出了久别回乡的亲切感。

石种：英石
规格：6cm×15cm

望天门山

李白

天门中断楚江开，碧水东流至此回。

两岸青山相对出，孤帆一片日边来。

（浅解）这首诗李白以写景为主。天门山位于安徽省和县与芜湖市长江两岸，江南叫东梁山、江北叫西梁山。这一带都曾经是古代楚国的领地。两山断开，长江水就从那里流泻过来，孤帆从两山之中行驶，那边也是太阳升起的地方。诗人写景极为深刻，意境深远，赞美了大自然的神奇壮丽。

石种：英石
规格：16cm×16cm

弹琴

刘长卿

泠泠七弦上，静听松风寒。

古调虽自爱，今人多不弹。

（浅解）诗人喜爱古乐，他在七弦的古琴上弹响起清幽的乐曲，静静地听就像寒风吹入松林那样凄冷。诗人自己非常喜爱古老的曲调，可惜现在的人都不会弹奏，世上的知音太少了。整首诗流露诗人孤高自赏，不同凡俗的情操。

石种：风砺石
规格：6cm×15cm

石种：风砺石
规格：5cm×16cm

杂诗

王维

君自故乡来，应知故乡事。

来日绮窗前，寒梅著花未？

（浅解）诗人碰到一个来自故乡的朋友，急切地想知道家乡风物人事。"您从我家乡来，肯定知道一些家乡的人情事态。您来的时候我家绮窗前，那一株梅花开了没有？"诗人以白描记言手法袒露出对家乡自然的情感，一句"寒梅著花未"，寓巧于朴，韵味浓厚。

挂壁盆景
石种：浮石
规格：6cm×15cm

望月怀远

张九龄

海上生明月，天涯共此时。

情人怨遥夜，竟夕起相思。

灭烛怜光满，披衣觉露滋。

不堪盈手赠，还寝梦佳期。

（浅解）茫茫的大海上升起一轮明月，这个时候你和我都在天涯互相守望，有情的人对月相思，久久不能入睡，只恨夜太漫长。整晚不能入睡怪烛光太亮，熄灭蜡烛月光还是很明亮。起身披衣，深感夜露寒凉，不能把美好的月色捧给你，还是睡吧，希望梦中相见。全诗意境幽静秀丽，情景交融，感人至深。

石种：英石
规格：6cm×15cm

别董大

高适

千里黄云白日曛，北风吹雁雪纷纷。

莫愁前路无知己，天下谁人不识君。

（浅解）在一片黄色的云层中，白天也那么昏暗，正值冬天北风狂吹，大雁在纷飞的雪花中向南飞去。劝友不要担心要去的地方没有知己朋友，天下谁人会不认识你（董大当时已经是弹琴名手）。这是一首为好友送行的诗。诗人主要表达对朋友远行的鼓励和安慰。

香炉峰

徐凝

香炉一峰绝，顶在寺门前。

尽是玲珑石，时生旦暮烟。

（浅解）香炉峰是山的名称，山峰非常险绝。
该峰就在寺门前的顶上，这里的山石多是玲珑石。
有时会在山顶上升起暮烟。诗人具有抽象意味，仿
佛把镜头从远景拉近景。

石种：风砺石
规格：20cm×30cm

乐府戏赠陆大夫十二丈

三首之二

孟郊

绿萍与荷叶，同此一水中。

风吹荷叶在，绿萍西复东。

（浅解）诗人在夏天描述水中荷花盛开的美丽
景色。绿萍与荷叶都是生长在水中的植物，但荷叶
是有根的牵连，不会随着风而被吹走，只有绿萍它
才会被吹得一会在东，一会到西边去。诗人是写人
如同植物，家就是根，你成了一个家庭中一员就不
会离开这根的，没有家的人才会东西漂泊。

石种：水冲石
规格：10cm×20cm

赠汪伦

李白

李白乘舟将欲行，忽闻岸上踏歌声。

桃花潭水深千尺，不及汪伦送我情。

（浅解）李白坐上小船刚刚要离开，忽然听到
岸上传来告别的歌声。即使桃花潭里的水有一千尺
那么深，也及不上汪伦送别我的一片情深。诗中表
达了作者对汪伦深情相送的感激，用词自然清新，
生动流畅。用比兴的手法表达了作者与汪伦之间的
深厚友谊。

石种：栖霞石
规格：13cm×25cm

石种：风砺石
规格：6cm×15cm

游子吟

孟郊

慈母手中线，游子身上衣。

临行密密缝，意恐迟迟归。

谁言寸草心，报得三春晖。

（浅解）每个慈祥的母亲，都是非常爱护自己的孩子，因为儿子要出远门，临别前就密密实实地缝做衣衫，母亲担心孩子出门太久衣服破损。谁能说得清像小草那样微弱的孝心能够报答得了像春晖普泽的慈母恩情呢？本诗再现了人所共感平凡而伟大的人性美。

宿桐庐江寄广陵旧游

孟浩然

山暝听猿愁，沧江急夜流。

风鸣两岸叶，月照一孤舟。

建德非吾土，维扬忆旧游。

还将两行泪，遥寄海西头。

（浅解）黄昏山中的猿啼听起来让人心生悲愁，夜晚的桐庐江水急急向东奔流。两岸的树叶被风吹得沙沙作响，月光惨淡映照着江畔的一叶孤舟。建德虽好却不是我的故乡，我怀念扬州的老朋友们。就让我把两行相思的热泪，随江水寄到大海西头的扬州。

石种：英石
规格：8cm×16cm

洛桥晚望

孟郊

天津桥下水初结，洛阳陌上行人绝。

榆柳萧疏楼阁闲，月明直见嵩山雪。

（浅解）在寒冷的冬天，桥下的水都冻成冰结，家乡的路上没有人来往，榆树、柳树叶落枝秃掩映着静谧的亭台楼阁，在月光照射下只见嵩山白茫茫一片雪景。诗人对冬天自然环境描写极其亲切，展现一个清新幽远的意境。

九月九日忆山东兄弟

王维

独在异乡为异客，每逢佳节倍思亲。

遥知兄弟登高处，遍插茱萸少一人。

（浅解）我独自一人在外做异乡之客，每到佳节的时候就加倍想念远方的亲人们。九九重阳日，家乡的兄弟们一定都在登高望远，身佩茱萸却因少了我而遗憾。整首诗写的非常质朴，异乡人读来却很有力量感、画面感。这种力量、画面来自于作者质朴、高度的概括。

石种：风砺石

规格：6cm×15cm

客至

杜甫

舍南舍北皆春水，但见群鸥日日来。

花径不曾缘客扫，蓬门今始为君开。

盘飧市远无兼味，樽酒家贫只旧醅。

肯与邻翁相对饮，隔篱呼取尽余杯。

（浅解）这是诗人写自己家欢迎来客情景。诗开始写在自己家乡美好的春景。在没有客人的到来，只有群鸟经常来往。长满花草的小路也因无客到来不曾扫过。今天有客人来才将茅屋打开，主人非常诚恳说这里离市镇远，没有好的酒菜，来客如果愿意与邻居老大爷一起喝上一杯，就让我隔着篱笆去请他一起来与客人喝杯剩余的酒。该诗表达了古代人与人之间热情友好的品质，表现出浓郁的生活气息。

唐诗三百首，人人皆知，深受广大读者喜爱，但均以画为主，作者以主体盆景形式制作了百诗百景，理论上比画更有理想中的境界，许多媒体都介绍唐诗盆景是"活起来的诗"。本书因篇幅所限，收录部分作品给读者，起抛砖引玉作用。编者年事已高，无能为力创作三百盆，深信后人一定能根据"唐诗三百首"制出"盆景三百盆"。

田野里的盆景艺术

杏花春雨思故乡，桃花流水，春色满园，家乡田园，既可游又可居。雨打芭蕉，一帘幽梦，田园美景一直沉浸在记忆深处。"江南可采莲，莲叶何田田"这样的美景道尽了世间人们对乡土田园的感悟。"问君能有几多愁，恰似一江春水向东流"，这里发出一种朴拙的田园牧歌式的吟唱。这些美丽的景象引申出众多美学艺术创作中的重大主题，当然制作盆景艺术也不能例外，制作乡土田园盆景不仅是地理意义上的风景，更是寄寓颇深的文化景象，鲜明地留下每个乡土文化的烙印。

乡土田园盆景是诗情的，同时也是有画意的，传统盆景艺术的高手制作"烟波浩渺，风光明媚"的山光水色，将祖国的大好河山、田园韵味都表现在盆景艺术上。

在诗境画意的乡土田园，以盆景文化为主题，作为盆景艺术爱好者的使命，大家共同来创造。作为一种试探，相对于我国盆景艺术漫长的历史，我在这里表现乡土田园文化实践时间也许太短，只能抛砖引玉，这项题材的创作空间很大，表现内容也足够丰富："山川相伴，山寺桃花，小桥流水，春耕冬收"，把古今的农耕景象一一制作出来，给现代人一种回忆和向往。在摩天大厦林立、物质世界美梦登陆的今天，在冷漠的人情和世俗追逐之中，创作出更多更好的乡土田园之景极为必要。回忆过去的困苦，体现当代生活的美满。

在我们家园中，徽派、浙派各式民舍、富有寓意的牌坊群、江南贡院等，都可以从美学艺术上找到感悟，见景思故。

千年传唱的乡土美景，深深刻在人的记忆里，用高雅的盆景艺术反映在现在画境里、诗意间。我们可以用诗词、绘画、盆景等艺术，让乡土田园这一题材的灵性得以发挥，互相交映，通过盆景艺术在视觉上有所着落。盆景中山水间的古村落，水乡的陋巷，小木桥下的乌篷船，现代中石库门的遗老遗少都可以在现代盆景艺术上表现、趣化和突破。把乡土风物、乡土风情、乡土风俗、乡土情怀，用盆景艺术的形式表现，有声、有色、有味地一一展露在这里可以比绘画更加逼真。在立体感觉中产生象外之象，这是一种意境的升华，一种韵味的传唱。"一川烟雨，满城风絮"、"山川浑厚，划木华滋"、"渔舟唱晚，雁阵惊寒"……一派美好的乡土田园风貌，通过盆景艺术文化元素，以抒情的姿态去传递现代人对乡土田园的情感，去回忆生我养我的地方。希望更多的盆景艺术爱好者，携手共同为创作出更多更好、更美丽的乡土田园盆景而努力。

画景者大有人在，而造景者寥寥无几。我做了一百余盆乡土田园盆景，还不过瘾。盆景之妙不在于学，而在于悟。乡土题材耐人寻味，因为故乡是每个人心里眷恋的天堂。

以下例图仅为同好者作参考之用。

深巷今朝杏花开

此景是借一株古松傍岸，石桥、耕牛、小草相衬。松前湖面空旷浩渺，遥接天际，一叶轻舟缓行于湖中，打破了河面的沉寂。古老的农村落院内一枝杏花正在艳丽地开放，浓郁翠绿的草地抹出青灰色的色带，向远处延伸，朱、绿、灰相异色，衬托出溪水的平静及近景院落之景，与喧闹的城景形成一个很好的对比。

石种：砂积石　规格：10cm×20cm

家乡的小河

这条小河在村子的北面，实际上是朝南的。早晨，天还没大亮，这条小河便开始了一天的"工作"，人们陆续来到河边洗菜、淘米……顿时，平静的小河"喧闹"起来。小时候经常到这条河边上钓小鱼和虾，这里的水非常清，可以看到河底的石子，小河旁简直成了我们的乐园。最难忘的是这里来往的船只，小木船划出"吱吱""嘎嘎"的摇橹声。给小河增添了无限生趣。在这里，一切都显得多么平和、静谧。

石种：青田石　规格：10cm×30cm

春江水暖

我虽然参加了中国盆景艺术家协会，但只是挂个名头，实际上是个酷爱盆景的工匠，喜欢与自己热爱的对象有一种精神上的交流，一个山水盆景的爱好者，总想到要反映大自然的美学观。该盆景在巨石旁安置一个家，方向是在西北角，可以抵挡冬天西北方向刮来的寒风，屋前有河，坐北朝南阳光普照，每年春天到来，鸭子在河中嬉游。这是象征着春的神意，这是与极普通人民生活密切相关的自然景色。

石种：英石　规格：10cm×20cm

夕阳照古寺

这种盆景的形式，不属于中国山水盆景范围。它不是在大理石盆上完成的，而是在一个好友赠送的烟缸里制作的；因本人不抽烟，就拿来作为点境之用。老前辈笑我的，就当我别具一格吧。这个构图是由无锡一座山上的小庙而想起的，有点像土地庙，是供附近村民每逢初一、十五节日前来拜佛烧香的。这里环境幽静，庙旁古树遮天，屋后是竹园，我非常喜爱这样幽静的山庙。这样的清幽境界，颇有气壮景少意长之妙。

石种：英石
规格：10cm×20cm

石种：斧劈石　规格：10cm×20cm

石种：海母石　规格：8cm×16cm

石种：浮石　规格：10cm×20cm

石种：面条石　规格：8cm×20cm

绿色的水乡

一幅佳作名画会让你感觉走进了高山、大海、森林、草原，使你感觉呼吸着新鲜的空气，拥抱着大自然。我制作"绿色的水乡"这盆盆景的意图就是想带你走进这里绿色世界。三间简屋靠在巨石之下，远处是一片山脉，渡船载着村民驶向前方。一只风帆从远处经过，站在岸边老者目送着亲人离去。这一盆盆幅虽小，但把自然景物扩大于人眼。从"远"观彼之"大"、盆盎之上，放在掌中或者案头上，一展便见，这也是"绿色水乡"盆景的实意。

水乡

这盆盆景是一幅全景式的"湖上"瞰视画，它表达了十种景色组成的远水、晴空、落霞、古岸、钓船、翠帘、酒家、古桥、桃花，其间却有远与近、大与小、动与静之差别，使整体有和谐立体感，同时又显得错落有致、层次丰满，这是制作者把对湖光水色、自然景物的热爱之情都表现在无言的盆盎中，真所谓："一道风景就是作者的一片心情"。

徽州晨曲

古徽州在黄山脚下，那里风光优美、山川灵秀，到处是名山、名水、名人遗迹。尤其是那里的群排青瓦、白壁、马头墙令人梦牵魂萦。我去过一次，一个初冬的早晨，旭日东升，给鳞次栉比的徽居墙头增添一抹温暖的金黄色，而朝北阴暗的墙面是白莹莹发青的寒色，给人一种宁静、平和、温馨之感。那日早晨，街上行走着忙碌的人们，河边的石板提上青苔斑斑……这一切激发了我创作盆景的渴望。那个家园、那个河床，你是否愿意与我一起再去徽州旅游呢？

秋光流在碧波里

传统的山水盆景，只停留在高山流水上，过分单一就会束缚自己。"秋光流在碧波里"这一景就改变了传统，取景于特写手法，将山与景进行组合，一组小桥流水安置在山前，暗红色面条石表示秋色，一座座楼阁庙宇错落有致。将曲折的石板桥架在河水上，人们可在这里流连徘徊，达到宋画中"穷江行之思，观者如涉"的意境。

春来早

"微微的风，吹着丝丝的柳枝婀娜多姿；小小的蜂虫，吸吮着粉红色的杏花；河边的鸭子，拍打着翅膀嘻嘻地游着。春天来了，这是春风动春心，流目瞩山林，山林多奇采，阳鸟吐清音。"这盆景反映了很平常的乡村田园景色，几间破旧的瓦房，一条通向河边的小路，木板桥对面是一片耕田，一个老者在村野悠然信步，过桥来到河边，看到一群小鸭悠闲地在水中游戏。这里虽然没有城中的高楼大厦，但这优美充满绿色的自然环境是令人倾心、令人羡慕的。故做此景回忆美好的乡村风光。

石种：浮石　规格：5cm×10cm

过桥就是我外婆家

我的老家在江南水乡，有山有水，外婆家就住在那里。房子坐南朝北，门前有一座小桥，桥的对面是一片稻田，屋背后是一片竹林，右边有棵柏树，每当春暖花开时，门前的河沟就是我童年玩耍的世界，捉蝌蚪、捞小蟹、钓鱼虾……那里没有喧闹声，在清幽的环境下，让人体味自然造物的伟大。

石种：木化石　规格：10cm×20cm

渔家乐

"五日画一水，十日画一石"，这是唐朝诗人杜甫的一句名言，他是有意识以此来指导自己创作的。我也借用"如今白头有眼力，尚能制景度春光，做个江南好景色，慰此将老镜中赏"来激励自己此盆盆景的灵感。来源于幼时在长江上见到过的渔家生活的情景。竹排伸到河面，是方便渔船归来。渔家就住在竹排上，江上水屋别有一番人生情味。这里仅是河滩边上的一个景点，但颇有弦外余音。

石种：青田石　规格：5cm×20cm

春色满园

小溪流过门前，一块巨石立屋旁，古树浓荫庇护着房顶，这就是我的农家。在这白云深处，有世外桃源之感。孟浩然诗："故人具鸡黍，邀我至田家。绿树村边合，青山郭外斜。开轩面场圃，把酒话桑麻。待到重阳日，还来就菊花。"形象描写田园风光，惬意的农家生活。

石种：风砺石　规格：5cm×10cm

　　中国盆景艺术的历史是悠久的，但中国微型盆景的历史只有几十年，它是在城市里成长起来的。最初，上海一批热爱大自然花木的市民对种植在盆中、生长茂盛的盆景极为感兴趣。但多数人住房小，没有大的场地进行种植养护。喜爱的人开动脑筋，进行创新，因地制宜，将大盆景缩小，种在小盆里。就这样在上海这种特定环境下造就了微型盆景的诞生。这其中最要感谢的是上海市盆景赏石协会历届领导们，由于他们的坚持与指导，才形成了具有海派特色的盆景艺术，中国微型盆景也由此产生。

　　改革开放以后，具有海派特色的微型盆景越来越受到人们的喜爱，并影响全国乃至世界，上海市盆景赏石协会功不可没。最值得一提的是李金林先生，他首创将盆景安置于博古架上进行陈列，形式上创新，将一盆盆单品进行组合形成一个优雅的整体艺术作品，加之后来多种形式博古架的出现，吸引了众多盆景爱好者，这其中包括我本人。

　　微型盆景之所以会受到众多人青睐，原因之一是因为它体积小，大家都可以动手种植，买棵小苗价钱也不会太高。如果没有时间和精力照料，可以跟作者一样，赏玩一下现代微型盆景，虽然以假乱真，但同样可以欣赏到大自然的风貌。只要有幻想、有立意都可以表达于小小盆盎之中，关键是盆中之景，比例要协调。我近 20 年来对现代微型盆景不断探索，受益匪浅，我认为它是一种高尚的文玩，既能修身养性，又能装点空间、美化环境。这里只能作为一种引导、一种探讨。

　　最后，感谢上海市盆景赏石协会领导和全体会员及各地区同好的大力支持！

马伯钦

2015 年元月于上海